ulmer

Baumschule
Lorenz
von Ehren

Kerstin
Abicht

GEHÖLZE²

180 Bäume und Sträucher für die Gartengestaltung

INHALT

Baumschule Lorenz von Ehren | Bäume sind unsere Spezialität 4

Einen Baum zu pflanzen ist nicht schwer, die richtige Auswahl treffen sehr … 6

SOLITÄRBÄUME 8

Großbäume | Ehrwürdige Solitäre, historische Alleen 10

SPEZIAL: Baum-Rekorde 16

Besondere Bäume | Grüne Riesen für unsere Parkanlagen 22

Mittelgroße Bäume | Neue Bäume braucht das Land 34

Kleine Bäume | Der Baum – mein Freund fürs Leben 46

SPEZIAL: Ahornblätter im Detail 54

Obstbäume | Von Apfel bis Walnuss 60

GEHÖLZE FÜR ALLE SINNE 68

Blüte | Schönheit, Duft und Bienenweide 70

Rinde | Das Gesicht der Bäume 82

SPEZIAL: Rinde im Detail 88

Herbstfärber | Festival der Farben 94

SPEZIAL: Blätter im Herbst 102

Fruchtschmuck | Die kleinen Wilden 108

MIT IMMERGRÜNEN GANZJÄHRIG AKZENTE SETZEN 116

Laubgehölze | Alles im grünen Bereich 120

Nadelgehölze | Die Überlebenskünstler 128

VON KLASSIKERN UND MULTITALENTEN 138

Faszination Fläche | Zeit sparen im Garten 140

Wahre Multitalente | Vier-Jahreszeiten-Gehölze 150

FORMGEHÖLZE 160

Hecken | Klassisch oder in Wolkenform 162

Ars topiaria | Von grünen Kunstwerken 172

SERVICE 182

Planungshilfen 183

Verwendete Literatur 186

Grünes Wissen im Internet 187

Register 188

BAUMSCHULE LORENZ VON EHREN
BÄUME SIND UNSERE SPEZIALITÄT

Bäume und Gehölze prägen entscheidend die Atmosphäre von Gärten, Park- oder Grünanlagen. Sie sind die Sympathieträger, die blütenreichen Verführer, sie erden den Geist und lassen uns darüber hinaus am Wechsel der Jahreszeiten teilhaben. Der Garten hat sich zum Lebensraum gewandelt und die Nähe zum Grün ist für viele Menschen ein wichtiger Aspekt in ihrem Leben.

Gegründet im Jahr 1865

Kann man, so wie wir, auf mehr als 150 Jahre Baumschule zurückblicken, weiß man einfach eine Menge über Gehölze und ihre Ansprüche. Und ganz nebenbei ist auch die Firmengeschichte überaus spannend. Bereits im Jahr 1912 erfolgten Lieferungen an den Großfürsten von Russland nach St. Petersburg, und die Baumschule war als königlicher Hoflieferant von England, Dänemark und Serbien gelistet.

Eine wechselvolle Geschichte, mit dem fast vollständigen Verlust des gesamten Sortiments, folgte in den schwierigen Zeiten von Inflation und den beiden Weltkriegen. Doch die „von Ehrens" ließen sich nicht unterkriegen und fanden immer neue Wege, Gehölze zu beschaffen und zu vermehren. Dabei unterstützen die Mitarbeiter der Baumschule mit ihrem Fachwissen von jeher „grüne" Profis bei Pflanzprojekten in der ganzen Welt und sind stets „up to date".

Heute zählt die traditionsreiche Firma Lorenz von Ehren zu den führenden Baumschulen Europas. Auf einer Fläche ungefähr so groß wie der Hamburger Flughafen werden an die 500 000 Gehölze kultiviert. Wir gelten als Spezialist für große Solitärbäume, doch unsere „Top-Seller" sind überaus vielfältig: Alleebäume und Solitärgehölze, Koniferen und Immergrüne, Heckenelemente und mehrstämmige Sträucher sowie große Obst- und Formgehölze. Und was wir nicht selber produzieren, beschaffen wir bei ausgewählten Züchtern.

Wir verkaufen Zeit …

Bis ein Baum seine stattliche Größe erreicht hat, braucht es Zeit. Unsere ältesten Parkbäume sind bereits über 200 Jahre alt, viele der großen Alleebäume sind über 70 Jahre in Kultur und die uralten Garten-Bonsais wurden Jahrzehnte von Hand geformt. Auch Gehölze mit Charakter, eindrucksvolle Baum-Unikate stehen zur Verfügung, um im exklusiven Gartensegment eine Hauptrolle zu übernehmen.

… und möchten unser Wissen teilen

Die Herausforderungen in Zeiten des Klimawandels sind vielfältig. Aktuell liegt unser Fokus auf den „Stadtbäumen der Zukunft", damit das Grün in unseren Städten eine Zukunft hat. Dafür unterstützen wir seit vielen Jahren Projekte in Wissenschaft und Forschung und versuchen alternative Baumarten und -sorten im Markt zu etablieren. Als wegweisendes Projekt zur Verwendung der „Stadtbäume der Zukunft" gilt unser Klimabaum-Hain.

Gerade das breite und vielfältige Sortiment, das Baumschulen heute kultivieren – allein in unseren Quartieren stehen über 1000 verschiedene Gehölzarten –, eröffnet dem Planer enorme Möglichkeiten, und einer kreativen Pflanzplanung sind (fast) keine Grenzen gesetzt. Lassen Sie sich inspirieren und uns gemeinsam die Welt ein Stückchen grüner machen.

In der Manufaktur „Baumschule" werden Gehölze ganz traditionell von Hand geformt und geschnitten. Bis ein ausdrucksstarkes Baum-Unikat, eine pflanzliche Antiquität oder ein individuelles Topiary entstanden ist, können Jahrzehnte vergehen. Doch genau diese Einzelstücke setzen Akzente und schaffen eine unverwechselbare Atmosphäre im Garten.

EINEN BAUM ZU PFLANZEN IST NICHT SCHWER, DIE RICHTIGE AUSWAHL TREFFEN SEHR …

Ein weiteres Buch über Gehölze? Ist das sinnvoll? Wir finden schon. Die Zeiten ändern sich, ebenso bekanntlich das Klima, seit einiger Zeit sogar beträchtlich. Auch Pflanzplaner müssen auf die veränderten Bedingungen reagieren – beispielsweise mit den passenden Gehölzen für die jeweilige Garten- oder Parksituation. Das kann eine Herausforderung sein, aber zum Glück gibt es viele gut funktionierende Bäume und Sträucher. Eine Auswahl finden Sie auf den folgenden Seiten.

Die Schere geht auseinander

Auf der einen Seite enthalten die aktuellen Baumschulkataloge heute viel mehr Gehölzbeschreibungen als noch vor 10 Jahren. Es wurden zahlreiche neue Pflanzengattungen, -arten und -sorten von den führenden Baumschulen aufgenommen, um das Gehölzsortiment an aktuelle Trends und die veränderten Umweltbedingungen anzupassen. Dem gegenüber steht die Verwendung der Pflanzen. Hier lässt sich feststellen, dass das Wissen um die Gehölze und ihre Ansprüche – eigentlich eine Kernkompetenz sowohl der Landschaftsarchitekten als auch der Garten- und Landschaftsbauer – deutlich abgenommen hat. Es geht sogar so weit, dass bei einem studentischen Wettbewerb zur „Internationalen Gartenschau 2013“ in Hamburg weniger als 50 % der eingereichten Entwürfe überhaupt noch Pflanzen vorgesehen hatten.

Standortgerecht pflanzen

Natürlich ist bei jeder Pflanzplanung eine Fülle von Aspekten zu berücksichtigen. Da stehen die Wünsche der Auftraggeber den gesetzlichen Vorgaben gegenüber, von den Ansprüchen der Pflanzen an den Standort ganz zu schweigen. Die immer wiederkehrenden, wichtigen Ziele bei der Auswahl der geeigneten Pflanzen lauten: Sichtschutz und Umfriedung, pflegeextensive Flächenbegrünung, Verwendung von Formgehölzen oder Solitärsträuchern. Und genau hier setzt dieses Buch an. Es stellt die besten Gehölze für spezielle Situationen vor. Denn Pflanzenkompositionen, die überraschen und funktionieren, das ist die hohe Kunst der Pflanzplanung.

Das Prinzip „Das richtige Grün am richtigen Ort“ besagt, dass es weder einen schlechten Boden noch einen ungeeigneten Standort für eine Pflanzung gibt. Da sich der Boden mit einem entsprechenden Substrat aufwerten lässt, entscheidet allein die standortgerechte Auswahl der Bäume über den Wachstumserfolg. So gilt: Einen Baum zu pflanzen ist nicht schwer, die richtige Auswahl treffen sehr.

Die Lage in Deutschland

Ahorn, Eiche, Linde, Esche, Eibe, Kirsche, Kiefer … Die Liste der in Deutschland heimischen Baumarten ist nicht sehr lang. Experten gehen von deutlich unter 100 Arten aus, was gerade mal 0,13 % aller weltweit vorkommenden Baumarten entspricht. Schuld an der Misere ist die ungünstige Ost-West-Ausrichtung der europäischen Gebirge. Sie verhinderte in der letzten Eiszeit, dass zahlreiche Gehölze in wärmere Klimazonen ausweichen konnten. Die vorrückenden Gletscher begruben das Leben unter sich und die Artenvielfalt nahm dramatisch ab. Anders auf dem amerikanischen Kontinent. Hier verlaufen die Gebirge in Nord-Süd-Richtung, so dass die Pflanzen in südliche Gefilde ausweichen und von dort nach und nach wieder zurückwandern konnten.

60 065 Baumarten weltweit

Global betrachtet sehen die Zahlen anders aus als in Deutschland. Im Jahr 2017 wurden weltweit erstmals 60 065 Baumarten in der Online-Datenbank „GlobalTreeSearch“ von der Botanic Gardens Conservation International (BGCI) erfasst; Tendenz steigend. Die größte Artenvielfalt findet man heutzutage in Brasilien, Indonesien und Kolumbien.

Der Entdeckergeist zahlreicher Botaniker sorgte bereits ab dem 16. Jahrhundert dafür, dass „exotische“ Gehölze aus aller Welt (wieder) nach Europa kamen und sich hier etablieren konnten. Vielfach sind diese Pflanzen sogar an schwierigen Standorten wie trockenen und heißen Stadtplätzen den heimischen Baumarten überlegen. Daher kann nur unsere heutige Artenvielfalt aus heimischen und nichtheimischen Gehölzen für grüne und lebendige Städte sorgen. Ein wichtiger Aspekt, denn voraussichtlich werden in Deutschland bereits 2030 rund 75 % der Bevölkerung in Städten leben.

Perfekte Gehölze für perfekte Pflanzungen

Dass sich Grün in unseren Städten positiv auf die Lebensqualität auswirkt, wird wohl jeder bestätigen. Die Wohlfahrtswirkungen von Grünflächen, Parkanlagen, grünen Straßenzügen, Spielplätzen und Uferpromenaden wurden vielfach wissenschaftlich untersucht und betreffen sowohl soziale und gesundheitliche als auch ökologische Aspekte. Grün steigert nicht nur den Wert von Immobilien, sondern hat vielfältige positive Effekte auf das Stadtklima. Bäume verbessern die Luftqualität, reduzieren effizient den Feinstaub in der Luft und steigern die Biodiversität im städtischen Kontext. Sie verringern den Treibhauseffekt durch die Fixierung von CO_2 und sorgen für eine Energieeinsparung, indem sie Wärmeverluste reduzieren oder den Kühlungsbedarf minimieren. Unsere Intention ist, die Freude an der kreativen Pflanzplanung und -verwendung zu wecken. Dafür haben wir in diesem Buch rund 200 Gehölze ausgewählt, die sich in 150 Jahren Baumschulgeschichte zu unseren Lieblingspflanzen gemausert haben. Sie verfügen allesamt über tolle Eigenschaften, lassen sich vielfältig einsetzen, sind robust, ökologisch wertvoll oder bringen einfach nur Spaß. Wir wissen aus langjähriger Erfahrung: Erst die Pflanzen verleihen einer perfekten Planung Atmosphäre. Lassen Sie sich von Gehölzen begeistern!

Bäume haben als „grüne Lunge“ vielfältige positive Effekte auf Klima und Bewohner einer Stadt. Daher sind nirgendwo die Immobilienpreise einer Stadt höher als in unmittelbarer Nähe einer gepflegten Parkanlage, wie hier am Central Park in New York.

10 Gründe einen Baum zu pflanzen

Ein Baum ist:
Sauerstoffproduzent, Kohlenstoffspeicher, Staubfilter, Lebensraum, Nahrungsquelle, Schattenspender, Erholungsort, Holzlieferant, Raumbildner, landschaftsprägend ...

1 SOLITÄR

BÄUME

Will man Bäume pflanzen, heißt das zunächst: beobachten und Erfahrungen sammeln. Außerdem muss man viel Geduld mitbringen, oder mit den Worten von Antoine de Saint-Exupéry gesagt: „Wenn man eine Eiche pflanzt, darf man nicht die Hoffnung hegen, nächstens in ihrem Schatten zu ruhen.“ Die Pflanzung eines Baumes ist keine statische Angelegenheit und bereits in der Planungsphase sollte man den Platzbedarf der Bäume in den nächsten Jahrzehnten berücksichtigen. Daher wird im folgenden Kapitel eine Auswahl der besten Bäume, sortiert nach ihrer Wuchsform, vorgestellt.

Übrigens: Will man nicht warten, lässt sich Zeit gewinnen, indem man einen größeren Solitärbaum wählt.

GROSSBÄUME | EHRWÜRDIGE SOLITÄRE, HISTORISCHE ALLEEN

Mit zunehmendem Alter entwickeln Großbäume ihre wahre Schönheit und architektonische Wirkung. So steht man staunend vor diesen ehrwürdigen Gestalten und überlegt, was sie in der Vergangenheit wohl alles erlebt haben. Markante Großbäume können gleichermaßen Landmarke und Naturdenkmal sein. Als Orte für ihren perfekten Auftritt kommen Parks, Golfplätze, öffentliche Räume, Straßen oder große Privatgärten infrage. In einem Reihenhausgarten sprengen sie ohne kontinuierlichen Rückschnitt vermutlich jede Dimension.

Nicht nur in der freien Landschaft

Große Bäume eignen sich hervorragend für Alleen, doch dauert es einfach seine Zeit, bis die Bäume ihre majestätische Wirkung entfalten. Daher werden alte, historische Anpflanzungen heutzutage als Kulturdenkmäler eingestuft und stehen in etlichen Bundesländern unter Schutz. Alleen sind nicht nur in der freien Landschaft wegweisend. Sie sind zum Glück auch als Bestandteil von historischen Gebäudeensembles, als Zufahrten von Schlössern und Residenzen oder teilweise in unseren Städten erhalten geblieben.

Informationen über Straßenbäume

Die GALK oder auch Deutsche Gartenamtsleiterkonferenz ist ein Zusammenschluss der kommunalen Grünflächenverwaltungen, die den Deutschen Städtetag (DST) über die Fachkommission Stadtgrün in seinen Aufgaben unterstützt. Bereits Ende der 1970er Jahre hat der Arbeitskreis Stadtbäume die GALK-Straßenbaumtests in Deutschland ins Leben gerufen. Sie sollen fundierte Aussagen über die Eignung bestimmter Baumarten und -sorten für die Verwendung als Straßenbäume ermöglichen. Der erste Straßenbaumtest wurde 1994 gestartet und wird seitdem kontinuierlich mit immer neuen Arten und Sorten fortgeführt. Weitere Infos und Listen geeigneter Straßenbäume finden Sie unter www.galk.de.

Kleine Geschichte der Alleen

Die meisten Quellen gehen davon aus, dass sich das französische Wort *aller* (= gehen) zu „allée" entwickelte und übersetzt zunächst „Baumgang" bedeutete. Später, in den axialen Gartenanlagen des Barock, wurde die umgebende Landschaft in die Gestaltung einbezogen, indem man die Mittelachse des Schlossensembles als Allee in die Landschaft verlängerte.

Eine wichtige Funktion hatten Alleen im 18. Jahrhundert. Im Zuge des staatlichen „Chausseebaus" wurden zahlreiche geradlinige Straßen in der freien Landschaft angelegt. Baumreihen entlang der Straßen schützten Pferdefuhrwerke oder Armeetruppen vor Sonne, Regen und Wind, befestigten die Straßen und gewährleisteten eine Orientierung bei widrigen Wetterverhältnissen. Diese Bäume lieferten der ländlichen Bevölkerung gleichzeitig Nutz- und Brennholz, Nahrung und dienten als Bienenweiden.

Aus dieser Zeit, genauer von 1841, ist der Alleen-Erlass von Preußens König Friedrich Wilhelm IV überliefert: „... aufs Strengste darauf zu achten, dass Lichten und Aushauen prachtvoller Alleen, wie solches seine Majestät hier und da bemerkt habe, künftig durchaus unterbleibe."

Mit Beginn der Industrialisierung und dem Wegfall der Wallanlagen hielten Baumalleen auch in den Städten Einzug. Teilweise sind diese Straßenzüge in einigen europäischen

Baumreihen entlang von Straßen und Zufahrten blicken auf eine lange Tradition zurück. Neben klassischen Linden, Kastanien oder Säulenpappeln bietet sich eine Vielzahl von Bäumen für die Pflanzung als Allee an. Eine eher ungewöhnliche Allee-Variante ist der Küstenmammutbaum (*Metasequoia sempervirens*).

Metropolen erhalten: „Unter den Linden“ in Berlin, die Königsallee in Düsseldorf, die Avenue des Champs-Élysées in Paris oder die Leopoldstraße in München, sie alle stammen aus dieser Epoche.

Die ursprünglichen Wohlfahrtswirkungen von Alleen sind in der heutigen Zeit nicht mehr überlebenswichtig. Doch selbst heute vermindern die Bäume Windlasten, verringern die Bodenerosion, spenden Schatten und verhindern im Winter Schneeverwehungen. Als Biotope sind sie in der freien Landschaft ökologisch wertvoll; so finden sich im Totholzanteil alter Baumriesen zahlreiche höhlenbrütende Vogelarten wie etwa Spechte. Oder die Bäume dienen als Ansitz für Jagdvögel. Auch Fledermäuse nutzen Alleen als Orientierungshilfe und zahlreiche Insekten haben in den alten Stämmen ihren Lebensraum.

Leider versagte der Alleenschutz in den Nachkriegsjahren und zahlreiche Baumdenkmäler wurden dem Autoverkehr geopfert. Grund genug sich heute wieder für Bäume aller Art entlang von Straßen einzusetzen und den Schutz von Alleen in die Planung zu integrieren. Über die Erhaltung und Pflege von historischen Alleen lassen sich ganze Bücher füllen; sie sind und bleiben ein lebendiges Gestaltungselement des Planers und unser kulturelles Erbe.

Ein Plädoyer für die Pflege

Frisch gepflanzte Gehölze müssen regelmäßig kontrolliert und ausreichend mit Wasser versorgt werden. Während der Vegetationsperiode sollte im Abstand von max. 10–14 Tagen gewässert werden, wobei ein Baum mit einem Stammumfang von 25–50 cm bei sandigen Böden 200 l und bei lehmigen etwa 300 l Wasser benötigt. Bei längerer Trockenheit ist zusätzlich zu wässern. Die Baumscheibe sollte in den ersten Jahren gemulcht und unkrautfrei gehalten werden. Immergrüne müssen auch im Winter gewässert werden.

VERWENDUNG

Tristes Novembergrau? Mitnichten – markante Baumsolitäre, wie diese Sand-Birke (*Betula pendula*) in Herbstfärbung, haben das Potenzial für stimmungsvolle Augenblicke und begeistern den Betrachter stets aufs Neue.

Ein blühender Tunnel aus japanischen Kirschen leitet die Besucher und sorgt für Frühlingsgefühle.

Acer pseudoplatanus

BERG-AHORN

Ein Berg-Ahorn entwickelt sich zu einem prächtigen Baum, durchaus 20–40 m hoch, mit einer breitrunden Krone und einem Stammumfang von über 2 m. Typisch für *Acer pseudoplatanus* ist die in Platten abblätternde Borke der Stämme. Der deutsche Name ist etwas irreführend, kommt doch der Berg-Ahorn auch relativ häufig im Tiefland vor, Hauptsache der Standort ist kühl und luftfeucht. Er steht gerne sonnig bis halbschattig, auf allen schwach sauren bis alkalischen Substraten. Arme Sand-, schwere Lehm- oder Tonböden mag der Berg-Ahorn nicht. Seine grünlich gelben Blütentrauben sind nicht so auffällig wie die Blüten des Spitz-Ahorns, jedoch ist die Herbstfärbung (ab Oktober) leuchtend goldgelb. In früherer Zeit wurden *A. pseudoplatanus* angeblich gegen Maulwürfe, Hexen und Blitzschläge gepflanzt.

LvE-Tipp

Schneiden Sie Bäume der Gattung *Acer* möglichst nicht im Frühjahr, da die Bäume oft stark bluten.

Betula pendula

SAND-BIRKE

Sand-Birken gehören als anpassungsfähiges Pioniergehölz nicht zu den langlebigsten Gehölzen, bezaubern aber in der freien Landschaft durch ihre markante Borke und den eleganten, leicht überhängenden Wuchs. **Die auch Hänge-Birke genannten Großbäume können eine Höhe von 30 m erreichen** und bilden eine unregelmäßige, lichte Krone mit überhängenden Zweigen. Die Stämme der Birken bilden bei Verletzungen die typische schwarze, rissige Borke. Ihre hellgrünen Blätter färben sich im Oktober leuchtend gelb. Sand-Birken entwickeln ein intensives Wurzelsystem, das eine Unterpflanzung nahezu unmöglich macht. Nur wenige Stauden oder Gehölze können sich unter einer eingewachsenen Birke etablieren. *Betula pendula* gilt als lichthungrig, meidet Hitze und stellt an den Boden keine großen Ansprüche. Die beste Pflanzzeit für Sand-Birken ist das Frühjahr.

Fagus sylvatica fo. purpurea

BLUT-BUCHE

Diese Variante der „normalen“ Rot-Buche **begeistert durch ihre roten Blätter und ihre imposante Erscheinung**. Grund für die Rotfärbung der Blätter ist ein fehlendes Enzym zum Abbau der Anthocyane in der oberen Blattschicht. Interessanterweise variiert die Farbe der Blätter von Dunkelgrün bis Rot. Blut-Buchen, auch Purpur-Buchen genannt, treiben dunkelrot aus und vergrünen im Lauf der Vegetationsperiode. Ihre Herbstfärbung variiert in rot-orange-braunen Tönen. Die Bäume werden auch unter *F. sylvatica* 'Atropunicea' geführt und können bis zu 30 m hoch und über 200 Jahre alt werden. Platz brauchen sie auf jeden Fall, denn ihre dichte Krone beschattet mit den bogenförmig überhängenden Zweigen durchaus eine Fläche von bis zu 600 m^2. Blut-Buchen sind für ihre Schattentoleranz bekannt, jedoch färben sich ihre Blätter in der Sonne intensiver rot als im Schatten. Des Weiteren bevorzugen sie schwach saure bis alkalische Standorte auf nahezu allen Böden, nur zu sandig sollten sie nicht sein.

LvE-Tipp

Blut-Buchen sind sehr schnittverträglich und können auch als Hecke gezogen werden.

Platanus × hispanica

PLATANE

Platanen entwickeln sich zu stattlichen Großbäumen von über 30 m Höhe und sind überall in Mitteleuropa zu finden. Dabei handelt es sich bei *Platanus × hispanica* um eine Hybride aus Morgenländischer und Abendländischer Platane, die bereits im 17. Jahrhundert entstanden ist. Hier wurden die positiven Eigenschaften beider Arten vereint. So sind diese Bäume **sehr frosthart bei großer Hitzeverträglichkeit**. Der frühere Artname „*acerifolia*“ weist auf das ahornähnliche Blatt hin, das spät im Jahr erscheint und bis zu 25 cm groß werden kann. Typisch ist auch die schuppenförmig abblätternde Borke. Insgesamt sind Platanen gut an das Klima in unseren Städten angepasst und gelten als äußerst industriefest. Bei den Substraten zeigen sie eine große Standortamplitude. Sie wachsen in trockenen bis feuchten, einigermaßen nährstoffversorgten, durchlässigen, etwas lehmigen Böden und bevorzugen einen schwach sauren bis alkalischen pH-Wert. Durch ihr hohes Regenerationsvermögen ist die Platane für Formschnitte bestens geeignet.

BAUM-REKORDE

Wussten Sie schon, dass zurzeit etwa 3 Billionen (in Ziffern: 3 000 000 000 000) Bäume auf der Erde wachsen? Dabei handelt es sich um eine fundierte Schätzung, die ein internationales Forscherteam im Jahr 2015 für eine Studie der Yale University in New Haven (Connecticut) aus Satellitenbildern, Bestandsaufnahmen und Computerberechnungen ermittelt hat.

Das hört sich zunächst viel an. Doch die Anzahl der Bäume hat sich weltweit binnen 12 000 Jahren mit dem Beginn der Urbanisierung fast halbiert. Und jedes Jahr fallen weitere 15 Milliarden Bäume der Umnutzung zu landwirtschaftlichen Flächen oder der Waldbewirtschaftung zum Opfer.

Dabei wurde die höchste Baumdichte, gemessen in Stämmen pro Hektar, in den borealen Nadelwäldern von Nordamerika, Skandinavien und Russland gesichtet. Hier wachsen geschätzte 750 Milliarden Koniferen und damit rund 24 % des gesamten Waldbestandes. Die Wälder der Tropen und Subtropen kommen auf 1,3 Billionen Bäume, das entspricht 43 % des Bestandes weltweit.

Mithilfe dieser Studie lassen sich auch die Bäume pro Einwohner ermitteln. So kommt Deutschland auf etwa 100 Bäume pro Einwohner, genau wie China, Ungarn oder die Dominikanische Republik. Hingegen sind es in Norwegen 3000 Bäume pro Bewohner, in Russland 4500, und Spitzenreiter ist Bolivien mit 5400 Bäumen.

– DER GRÖSSTE –

Ebenfalls in Kalifornien, genauer an den Westhängen der Sierra Nevada, wachsen die riesigen **Bergmammutbäume** (*Sequoiadendron giganteum*). Einer von ihnen ist der voluminöseste lebende Baum. Die genauen Maße des Stammvolumens des **„General Sherman Tree“** sind beeindruckend: Er ist 84 m hoch, sein Umfang in Brusthöhe beträgt 24 m, an der Basis sogar 31 m. Das entspricht einem unglaublichen Volumen von 1560 m3 und damit dürfte der Baum an die 1500 t wiegen. Untersuchungen aus dem Jahr 2002 haben ergeben, dass dieser Baum etwa 2000 Jahre alt sein müsste.

– DER HÖCHSTE –

Mit 116 m ist ein Küstenmammutbaum (*Sequoia sempervirens*) namens **„Hyperion“** der höchste Baum der Welt. Diese Höhe entspricht etwa einem 30-stöckigen Hochhaus und der Baum ist damit 20 m höher als die Freiheitsstatue von New York. Erst im Jahr 2006 wurde dieser Gigant von zwei Wanderern in einem abgelegenen Tal des Redwood National Park in Kalifornien entdeckt. Wenn man in Mammutbaum-Leben rechnet, ist dieser Baum recht jung und wächst in seinem Alter von geschätzten 600 Jahren noch weiter. Interessanterweise werden seine Nadeln mit der Höhe immer kleiner, vielleicht weil der Aufwand, das Wasser bis in die Spitze zu pumpen, immens ist.

– DER DICKSTE –

Heute steht der dickste Baum der Welt mit dem Namen **„Árbol del Tule"** in Mexiko. Es ist eine **Mexikanische Sumpfzypresse** (*Taxodium mucronatum*), oder auch Montezuma-Zypresse, die vor 1400–1600 Jahren gepflanzt wurde und heute einen Stammdurchmesser von 14,5 m hat. An der Basis beträgt ihr Umfang 46 m, was bedeutet, dass man an die 30 Menschen benötigen würde, wollte man den Stamm umfassen. Mit ihren knapp 42 m ist diese Sumpfzypresse gar nicht so hoch, jedoch bringt sie geschätzte 640 t auf die Waage.

– DER ÄLTESTE –

Bei den ältesten Bäumen wird unterschieden zwischen Bäumen, die sich selbst „klonen" und aus ihren Wurzeln wieder Stämme austreiben, und den Einzelbäumen. Der älteste klonale Baum ist **„Old Tjikko"**, eine Gewöhnliche Fichte (Picea abies) in Schweden. Betrachtet man die Einzelbäume, stehen die ältesten Bäume weltweit, einige **Grannen-Kiefern** (*Pinus longaeva*), in den White Mountains zwischen Nevada und dem Death Valley. Man nennt sie **„Old Man"**. Die Wachstumsbedingungen sind dort, aufgrund von Höhe und Klima extrem schlecht. Daher wachsen die Grannen-Kiefern sehr langsam, sind knorrig und verwittert. Im Jahr 1965 wurde eine solche Kiefer gefällt und brachte es auf stolze 4844 Jahre.

– DIE DICKSTE FRUCHT –

Der Jackfruchtbaum (*Artocarpus integrifolia*) mit den dicksten Früchten kommt ursprünglich aus Indien und gehört zu den Maulbeergewächsen. Er wird heute in allen tropischen Gebieten der Welt angebaut. Dabei handelt es sich um einen immergrünen Baum, der eine Höhe von 10–20 m erreichen kann. Die Blütenstände werden am Stamm oder an den Ästen gebildet, was von Botanikern als „Kauliflorie" bezeichnet wird. Jackfruchtbäume sind monözisch, das heißt, an einem Baum werden weibliche und männliche Blüten gebildet. Die bis zu 25 kg schweren Früchte hängen in Fruchtverbänden direkt am Stamm und sind unterschiedlich groß.

– DIE HÄRTESTEN –

„Nur die Harten kommen in den Garten…" Der bekannte Ausspruch trifft auf diese beiden Gehölze hundertprozentig zu: Die **Sibirische Kriech-Kiefer** (*Pinus pumila*) muss sich den Rekord „frosthärtestes Gehölz" allerdings mit der **Dahurische Lärche** (*Larix gmelinii*) teilen, können sie doch beide bis zu −70 °C überstehen. Dabei ist die Lärche sogar noch auf dem 72. Breitengrad zu finden ist, so weit im Norden wie kein anderer Baum. Das Problem: Eiskristalle im Inneren der Zellen sind gefährlich. Eis weist gegenüber Wasser ein größeres Volumen auf und dehnt sich aus. Kristallisiert also das Wasser zu Eis, platzen die Zellen. Frostharte Gehölze verhindern dies, indem sie dem Zellsaft aktiv Wasser entziehen oder mittels wasserlöslicher Kohlenhydrate den Gefrierpunkt des Zellsaftes herabsetzen.

– DER GIFTIGSTE –

Der **Manchinelbaum** (*Hippomane mancinella*) Baum wird auch als „Manzanilla de la muerte" bezeichnet, was so viel wie „Äpfelchen des Todes" bedeutet, und gilt als der giftigste Baum der Welt. Das Gehölz aus der Familie der Wolfsmilchgewächse kommt hauptsächlich im nördlichen Südamerika, Zentralamerika, auf den Bahamas, den Inseln der Karibik sowie in Florida vor und stabilisiert mit seinen Wurzeln den Strand. Seine Früchte weisen, oberflächlich betrachtet, eine Ähnlichkeit mit denen eines Apfelbaums auf. Davon sollte man sich jedoch nicht verführen lassen, denn sie sind hochgiftig. Auch der Hautkontakt mit der Rinde ist zu vermeiden, weil der gesamte Baum Giftstoffe in hoher Konzentration enthält. Nicht mal als Brennholz lässt sich das Gehölz nutzen. Bei der Verbrennung werden hochgiftige Dämpfe frei, die zum Erblinden führen können.

– DIE TIEFSTE WURZEL –

Bei einer Feige (*Ficus carica*), zu finden über dem südafrikanischen Höhlensystem „Echo Calvas", konnten Wissenschaftler die tiefste Wurzel der Welt nachweisen. Sie hat einen ihrer Wurzelstränge mehr als 70 Jahre lang bis in eine Tiefe von 120 m vorangetrieben. Bei ihrer Suche nach Wasser hat die Feige dicke Erd- und poröse Gesteinsschichten durchwachsen. In den oberen Bodenschichten stabilisieren viele Wurzeln den Baum, doch nur dieser eine Wurzelstrang ist für die Wasserversorgung verantwortlich. Pfahlwurzeln können enorme Tiefen erreichen. Ägyptische Tamarisken und Akazien bilden beispielsweise bis zu 30 m tiefe Wurzeln, bei heimischen Waldbäumen geht man von 5–10 m Wurzeltiefe aus.

Quercus

EICHEN

Wenn es um Großbäume geht, führt kein Weg an den Eichen vorbei. **Eichen gelten als vital, kraftvoll und robust.** Wie kaum eine andere Baumart prägen sie unsere Landschaft und Kultur, denn *Quercus robur*, die Stiel-Eiche, gilt als der „deutsche" Baum schlechthin. Interessanterweise handelt es sich bei der „englischen Eiche" ebenfalls um *Q. robur* – ein Zeichen für die große Beliebtheit der Eichen. Es gibt kaum einen anderen Baum, um den sich so viele Mythen ranken und der neben Standhaftigkeit und Stärke auch die Ewigkeit symbolisiert. So nutzen die Menschen seit Jahrhunderten das wertvolle Holz der Eichen, früher für den Schiffbau, heute als Brennholz, für Weinfässer und im Möbelbau. Eichen sind auch in der Forstwirtschaft gefragt, obwohl die meisten Arten nur mäßig wüchsig sind. Nach den Buchen stellen Eichen die zweitwichtigste Baumart im Wald und werden sich im Zuge der Klimaveränderung möglicherweise noch stärker durchsetzen, da sie als Tiefwurzler gut mit Trockenheit zurechtkommen. Grundwasserabsenkungen machen den Eichen allerdings zu schaffen, eine deutlich sichtbare Wipfeldürre ist die Folge. Die Lichtbaumart Eiche bevorzugt Standorte in Sonne bis lichtem Schatten. Von den etwa 600 Eichen-Arten, die weltweit in gemäßigten und (sub)tropischen Klimaten vorkommen, sollen hier vier wunderbare Großbäume für den Einsatz in Parks, großen Gärten oder als Allee-Baum vorgestellt werden: Neben den in Europa heimischen *Quercus petraea* (Trauben-Eiche) und *Quercus robur* (Stiel-Eiche) sind auch *Quercus cerris* (Zerr-Eiche) und *Quercus palustris* (Sumpf-Eiche) spannende Arten für Pflanzenverwender. Allesamt entwickeln sie sich zu großen beeindruckenden Bäumen, die am richtigen Standort eine hohe Lebenserwartung haben. Demzufolge sollte man ihnen am städtischen Standort (wie auch allen anderen Bäumen) einen möglichst großen Wurzelraum einräumen.

Quercus cerris (Zerr-Eichen) sind in unseren Breiten nicht so häufig anzutreffen. Sehr zu Unrecht, denn diese anspruchslosen Eichen haben eine große Amplitude, was den Boden betrifft. Sie wachsen auf lehmigen Standorten, im sauren bis alkalischen Bereich. Je mehr Kalk im Boden vorhanden ist, desto mehr Trockenheit wird vertragen. Die Bäume können bis zu 30 m hoch werden und entwickeln eine beeindruckende hoch gewölbte, ausladende Krone.

Eine weitere, eher unbekannte Schönheit ist ***Quercus palustris*** (Sumpf-Eiche) mit ihren waagerechten Ästen und der kegelförmigen Krone. Anders als ihr Name vermuten lässt, kann sie auf sauren bis schwach alkalischen Standorten ohne nasse Füße gedeihen, ja sogar in mäßig trockenen Böden. Sie überrascht den Betrachter ab September mit ihrer unglaublichen Herbstfärbung in orangefarbenen bis bronzeroten Schattierungen.

Quercus petraea (Trauben-Eichen) sind Klassiker bei den Großbäumen und von Mitteleuropa bis Kleinasien zu Hause. Die stattlichen Eichen bewähren sich von jeher als Park- und Straßenbäume und gedeihen auch noch auf sandigen Böden in saurem bis schwach alkalischem Bereich. Gerade für die Insektenwelt sind die heimischen Eichen ein wichtiges Refugium, können doch bis zu 200 verschiedene Insektenarten hier Nahrung und Habitat finden. Außerdem schmecken ihre Eicheln Vögeln und Säugern.

Über 1000-jährige Bäume gibt es nicht viele, doch etliche von ihnen gehören zu den Stiel-Eichen, ***Quercus robur***. Früher dienten diese Bäume oft als Gerichts- oder Schlosseichen und ihre Langlebigkeit ist legendär. Stiel-Eichen entwickeln sich bereits in jüngeren Jahren zu eindrucksvollen Baumgestalten mit unregelmäßigen und aufgelockerten Kronen. Vielfach wurden die anspruchslosen und robusten Bäume für Alleen eingesetzt und sie lassen sich auch innerstädtisch gut verwenden. Beim Lieblingsstandort sind sie nicht wählerisch, von sauer bis alkalisch ist alles möglich und alle nährstoffreichen Böden werden akzeptiert.

Robinia pseudoacacia 'Bessoniana'

KEGEL-ROBINIE

Die aus Nordamerika stammenden Robinien oder Scheinakazien (*Robinia*) gelten als Pionierbaumart und **können geeignete Areale schnell besiedeln**. Weil sie mit ihrem Ausbreitungsdrang und der Fähigkeit Stickstoff zu binden an trockenen Standorten die heimische Vegetation verdrängt, wird die Wildform der Gewöhnlichen Robinie (*Robinia pseudoacacia*) heute als problematischer Neophyt angesehen. Gleichzeitig sind diese wärmeliebenden Bäume frosthart sowie hitze- und trockenresistent und gedeihen auf allen leichten Böden. Die Selektion 'Bessoniana' (Kegel-Robinie) bildet eine schmale Krone von bis zu 20 m Höhe und ist mit ihrem durchgehenden Hauptstamm ein guter Alleebaum. Darüber hinaus bildet sie selten Blüten, produziert fast keine Samen und breitet sich nicht in der Landschaft aus. Außerdem sind ihre Äste im Gegensatz zur Wildform nahezu dornenlos. Um Windbruch zu vermeiden, sollten möglichst windgeschützte, magere Standorte gewählt werden.

Sequoiadendron giganteum

BERGMAMMUTBAUM

Als „immergrüner Gigant“ lässt sich einer der größten Bäume der Erde treffend beschreiben. Mit einer Wuchshöhe an die 95 m, einem Stammdurchmesser von über 17 m und einer Lebenserwartung von 3000–4000 Jahren sprengt er in seiner Herkunftsgegend, der Sierra Nevada, alle Rekorde. Seit Mitte des 19. Jahrhunderts sind diese Bäume auch bei uns in den Parkanlagen (wieder!) zu finden. Denn interessanterweise war die Gattung *Sequoiadendron* bereits vor den Eiszeiten schon einmal in Europa vertreten. Die größten europäischen Exemplare sind mittlerweile an die 50 m hoch und bis zu 14 m breit. Die Bäume haben einen durchgehenden, sehr geraden Hauptstamm mit einer schmal kegelförmigen Krone. Typisch sind auch die bogenförmig herabhängenden Äste, der verdickte Stammfuß und die zimtrote Rinde. Ideale Wachstumsbedingungen finden sie auf frischen bis feuchten, sauren bis alkalischen, nährstoffreichen Böden von sandig-kiesiger oder lehmig-humoser Beschaffenheit.

LvE-Tipp

In der Jugend freut sich der Bergmammutbaum außerhalb des Weinbauklimas über einen Frostschutz.

Tilia

LINDEN

Seit Jahrhunderten begleiten Linden den Menschen, sei es als Alleebaum, als Kommunikationsbaum oder als Naturdenkmal in der Landschaft. Im Zentrum vieler Gemeinden stand früher eine Linde. In deren Schatten traf sich Jung und Alt zum Austausch von Neuigkeiten, bei Dorffesten oder Gerichtsterminen. Noch heute taucht der Wortstamm „Linde" in über 850 Ortsnamen auf und zeugt von der engen Verbindung des Menschen zur Linde und von ihrem hohen symbolischen Wert.

Botanisch gehören die Linden zu den Malvengewächsen und werden in 20–40 Arten unterteilt. Allgemein gelten sie als schnellwüchsig und können durchaus 1000 Jahre alt werden. Sie bevorzugen sonnige Standorte, Winter-Linden auch halbschattige, auf schwach sauren bis alkalischen Böden.

Als eine der wenigen sommerblühenden Baumarten bieten sie wertvollen Nektar für alle möglichen Insekten. Dabei kann ein einzelner Baum bis zu 60 000 Blüten tragen, daher gelten Linden in Imkerkreisen als exzellente Bienenweiden.

Es wird fälschlicherweise angenommen, dass der Nektar der Blüten für den klebrigen Belag unter Linden verantwortlich ist. Es handelt sich jedoch um die Ausscheidungen von Blattläusen, die dem ausgesaugten, nährstoffreichen Pflanzensaft nur die Eiweiße entziehen, der zuckerhaltige Rest gelangt ungebremst auf Boden, Autos und Möbel. Hier verdunstet das Wasser und alles wird mit einer klebrigen Schicht überzogen – ein wunderbarer Nährboden für die sogenannten Rußtau-Pilze. Einzige Abhilfe: Auf Regen hoffen oder Lindensorten pflanzen, die nicht so stark von Blattläusen angeflogen werden.

Von der GALK (siehe Seite 10) werden sechs Linden-Sorten als Straßenbäume hoch bewertet – eine Auszeichnung für die Linden, denn insgesamt sind es nur zehn Bäume, welche das Prädikat „gut geeignet" für den innerstädtischen Raum (Stand 2019) erhalten haben. Die Sorten von *Tilia cordata*, der Stadt-Linde: 'Greenspire', 'Rancho' und 'Roevelo' sowie *Tilia tomentosa* 'Brabant' (Silber-Linde), *Tilia × europaea* 'Pallida' (Kaiser-Linde) und *Tilia × flavescens* 'Glenleven' (Kegel-Linde) erhielten die begehrte Auszeichnung.

Silber- und Kaiser-Linden entwickeln sich zu beeindruckenden Großbäumen, die in der Regel 20–30 oder auch 40 m hoch werden können; beiden gemeinsam ist die gelbe Herbstfärbung.

Weißfilzige Blattunterseiten und Triebe sind ein typisches Merkmal der Silber-Linden. Positiver Nebeneffekt: Die feinen Härchen schrecken Blattläuse ab, so dass hier erheblich weniger Klebe-Belag zu erwarten ist. Außerdem blüht *Tilia tomentosa* erst Ende Juli und ist damit eine wichtige späte Nahrungsquelle für Insekten.

Auch in die Literatur haben die Linden Einzug gehalten, so wie im Liedtext von Wilhelm Müller: „Am Brunnen vor dem Thore, Da steht ein Lindenbaum: Ich träumt' in seinem Schatten, So manchen süßen Traum ..."

BESONDERE BÄUME |
GRÜNE RIESEN FÜR UNSERE PARKANLAGEN

Parks und Grünanlagen haben in Europa eine lange Tradition und ihre wechselvolle Geschichte füllt ganze Bücher. Von langen Reisen wurden Exoten mitgebracht, botanische Sammlungen entstanden und die Parks in den wachsenden Städten wurden immer beliebter. Noch heute werden neue Parkflächen angelegt und in die Erhaltung historischer Anlagen viel investiert. Die lange Geschichte des grünen Kulturerbes lässt sich hier nur ganz knapp wiedergeben.

Solitärbäume anno dazumal

Einer der innovativsten Pflanzenverwender seiner Zeit war der „grüne Fürst", Hermann Fürst von Pückler-Muskau. Zu Beginn des 19. Jahrhunderts pflanzte er – als einer der Ersten – in seinen Muskauer Park große und ausgewachsene Bäume. Da er damals ja noch nicht auf vorkultivierte Solitärbäume aus Baumschulen zurückgreifen konnte, ließ er alte Bäume an ihrem natürlichen Standort vorbereiten, auf einem eigens angefertigten Fuhrwerk zur Baustelle transportieren und in spezielle Substrate pflanzen. Mit seinem spektakulären Vorgehen schuf er innerhalb kürzester Zeit einen Landschaftspark der Superlative.

Pflanzung

Das A und O bei der Pflanzung: Ballen dürfen niemals zu tief im Pflanzloch stehen. Bei zu tief gesetzten Ballen kann es zu Sauerstoffmangel an den Wurzeln kommen. Gut ist, wenn der Ballen nach der Pflanzung etwa 5–10 cm aus dem Pflanzloch herausragt, denn auch ein strukturstabiles Substrat wird sich je nach Einbauart um 20–40 Vol% setzen. Weitere Informationen finden Sie bei der FLL (Forschungsgesellschaft Landschaftsentwicklung Landschaftsbau e.V.) im Regelwerk „Empfehlungen für Baumpflanzungen" Teil 1 und 2.

Das 18. und 19. Jahrhundert steht auch für botanische Forschungsexpeditionen in die ganze Welt. Zu dieser Zeit fanden erstmals zahlreiche exotische Gehölze ihren Weg nach Europa. Etliche wohlhabende Bürger und Adelige entwickelten eine regelrechte Pflanzen-Sammelleidenschaft. Sie legten ausgedehnte Baumsammlungen oder auch Arboreten an, die teilweise bis heute überdauert haben und von der unglaublichen botanischen Vielfalt dieser Zeit zeugen. Auch heute lieben die Deutschen ihre Parks. Das bestätigt eine repräsentative Forsa-Umfrage aus dem Jahr 2015. Drei Viertel der Befragten gaben an, städtische Grünanlagen und Parks mehrmals im Monat zu nutzen. Die meisten, immerhin 81 % der Interviewten, wollen dabei vom Alltag abschalten, die Natur erleben (74 %) oder sich beim Sport austoben (73 %). Dieses Ergebnis sollte ermutigen, in Parkanlagen zu investieren, neue Grünflächen innerhalb der Städte auszuweisen oder vorhandene, kleinteilige Grünflächen zu vernetzen. Parks sind auch ein Paradies für Bäume. Hier finden sie den Raum, den sie benötigen, um zu stattlichen Solitären heranzuwachsen und ihre Wohlfahrtswirkung für Mensch und Tier zu entfalten.

Grüne Fakten

Betrachtet man eine 100-jährige Buche, sprechen die Zahlen für sich. Erreicht ihre Krone einen Durchmesser von 12 m und eine Höhe von 20 m, bildet sie etwa 600 000 Blätter. Diese bauen an einem einzigen Sommertag 9400 l CO_2 zu Zucker und Sauerstoff um, was einem durchschnittlichen Kohlendioxidausstoß von zwei bis drei Einfamilienhäusern entspricht. Als Abfallprodukt der Photosynthese scheidet der Baum 13 kg Sauerstoff aus, was wiederum dem Bedarf von 10 Menschen entspricht. Daneben werden in ihrem Holz etwa 3,5 t CO_2 gespeichert.

Auch als Luftbefeuchter kann so ein alter Baum punkten. An die 400 l Wasser verdunstet er an einem sonnigen Tag und verbessert erheblich das Lokalklima, von seiner luftreinigenden Wirkung ganz zu schweigen. Feinstaub (PM10) und gasförmige Luftschadstoffe wie Ozon (O_3), Stickoxide ($NO + NO_2$) und zudem flüchtige organische Stoffe (PCB, Dioxine und Furane) werden zuverlässig über die Blätter aus der Luft gefiltert. Interessanterweise sind immergrüne Nadelbäume effektiver bei der Filterung von Feinstaub als Laubbäume. Das erklärt sich durch die größere Oberfläche der Nadeln und die ganzjährige Luftreinigungsleistung. Laubbäume hingegen absorbieren mehr Stickoxide als die Koniferen.

Die genannten Zahlen sind natürlich nur exemplarisch. Jeder neu gepflanzte Baum, jeder Bestandsbaum, jede Fassaden- oder Dachbegrünung, schlichtweg jedes Grün in der Stadt sorgt für bessere Luft. Sehr passend ist ein Zitat von Konfuzius:

„Wer Bäume pflanzt,
wird den Himmel gewinnen."

Oder zumindest seinen Beitrag zum Klimaschutz leisten.

Von Ahorn bis Zeder: In unseren traditionsreichen Parks und Grünanlagen stehen die unterschiedlichsten Baumarten aus aller Welt. Grünflächen sind weitaus mehr als „grüne Infrastruktur" innerhalb der Stadt, sondern auch Orte der Begegnung und Aktivität.

VERWENDUNG

Mehr-Wert-Grün: Ausdrucksstarke Solitärbäume, Säulen-Eichen (*Quercus robur* 'Fastigata'), erobern urbane Freiflächen und sorgen für Naturerlebnisse im Alltag.

Ein begehbares Gemälde: Das Idealbild einer Parklandschaft wird durch malerisch anmutende, organisch gestaltete Beet- und Gehölzflächen sowie von Bäumen definierte Sichtachsen geschaffen.

Abies concolor

COLORADO-TANNE

Etliche Arten aus der Gattung *Abies* gelten als konkurrenzstarke Nadelgehölze und **gehören zu den höchsten Bäumen der Welt**, daher sollte man ihnen von Vornherein ausreichend Platz einräumen. Als immergrüne Bäume stehen sie in vielen Religionen für ewiges Leben, Geburt und Wiederauferstehung. Ein wunderbarer Vertreter dieser Gattung ist die Colorado-Tanne oder Grau-Tanne. Ursprünglich stammt sie aus dem Westen Nordamerikas, doch hat sie sich mit ihren auffälligen bläulich bis graugrünen Nadeln, die bis zu 8 cm lang werden und sichelförmig aufwärts gebogen sind, hierzulande einen festen Platz erobert. Das edle Nadelgehölz mit dem kegelförmigen Wuchs wird bis zu 25 m hoch und fruchtet erst im Alter von 30–40 Jahren. Colorado-Tannen vertragen von allen Arten der Gattung *Abies* am meisten Trockenheit und wachsen gern auf sauren bis schwach alkalischen, sandigen bis kiesigen Böden. Dabei bevorzugen sie sonnige bis leicht schattige Lagen und sind absolut frosthart. Alte Höhlen der Colorado-Tannen werden in ihrer Heimat manchmal von Bären für den Winterschlaf genutzt.

LvE-Tipp

Weil alle Ahorn-Arten ab dem Spätwinter stark bluten, sollten die Bäume nicht zu spät geschnitten werden.

Acer saccharinum 'Wieri'

GESCHLITZTER SILBER-AHORN

Ein eleganter Solitärbaum für feuchte Standorte – so könnte man den Geschlitzten Silber-Ahorn, *Acer saccharinum* 'Wierei', am besten beschreiben. Diese Bäume eignen sich wunderbar für eine Einzelstellung an Teichen und Wasserläufen. Das oft mehrstämmige Gehölz wird bis zu 20 m hoch, bleibt jedoch meist schmaler, mit malerisch überhängenden Ästen, die sich sanft im Wind bewegen. Das feine Laub bietet einen wunderbaren Kontrast. Nach einem bronzegrünen Austrieb färben sich die filigranen, tief eingeschnittenen Blätter oberseits frischgrün und sind auf der Blattunterseite silbrig behaart; die Herbstfärbung ist hellgelb. Idealerweise steht *A. saccharinum* 'Wierei' auf frischen bis feuchten Plätzen, mit einem pH-Wert von stark sauer bis alkalisch. Insgesamt sind die Bäume jedoch sehr anpassungsfähig an das Substrat und bevorzugen sonnige bis lichtschattige, etwas windgeschützte Lagen.

Alnus glutinosa

SCHWARZ-ERLE

In warmen Wintern reifen die Blüten der Schwarz-Erlen bereits im Februar. Damit gehören sie zu den heimischen Gehölzen, die am frühsten blühen und die, zum Ärger aller Allergiker, ihre Pollen bis zu 4 Wochen lang per Windfracht auf die Reise schicken. Allerdings stehen die männlichen, bis zu 7 cm langen Kätzchen in einem hübschen Kontrast zu den dunkelbraunen, verholzten Zapfen aus dem Vorjahr. Die weiblichen Kätzchen nimmt man kaum wahr, weil sie nur 0,5 cm groß sind. Schwarz-Erlen, auch als Rot-Erlen bezeichnet, entwickeln sich zu 15–20 m hohen Bäumen mit einer pyramidalen Krone und einem stringent durchgehenden Leittrieb, falls sie nicht mehrstämmig wachsen. Sie bevorzugen wegen ihrer hohen Verdunstungsleistung frische, nasse oder sogar teilweise überschwemmte, saure Standorte, die gerne nährstoffreich sein dürfen. Als hundertprozentige Lichtbaumart benötigen sie sonnige Lagen. Der Name Rot-Erle leitet sich von der Rotfärbung ihres Holzes ab. Frisch geschlagene Erlenstämme verfärben sich in Verbindung mit Sauerstoff leuchtend orangerot, im Volksmund auch als „Bluten“ bezeichnet.

Cedrus atlantica 'Glauca'

ATLAS-ZEDER

Der Begriff majestätisch beschreibt den eindrucksvollen Solitärbaum, ursprünglich aus den Hochlagen des Atlasgebirges stammend, am besten. Die locker aufgebaute Krone von *Cedrus atlantica* kann eine Höhe von 25 m, in Ausnahmefällen auch 40 m, erreichen und die zunächst ansteigenden Zweige hängen im Alter malerisch über. Beeindruckend sind bei der Sorte 'Glauca' die intensiv silbrig-blauen Nadeln der immergrünen Bäume. Interessanterweise können Nadeln von Zedern in harten Winter komplett erfrieren, werden jedoch im nachfolgenden Frühjahr erneuert. *C. atlantica* 'Glauca' gilt als recht frostharte Sorte, die idealerweise an sonnigen, etwas geschützten Standorten steht. Sie ist bodentolerant, verträgt Trockenheit und bevorzugt mäßig trockene bis frische, nährstoffreiche Böden. Aufgrund ihrer Herkunft mag sie auch kalkhaltige Substrate gern.

LvE-Tipp

Es ist empfehlenswert Atlas-Zedern im Frühjahr zu pflanzen.

Fagus sylvatica 'Pendula'

HÄNGE-BUCHE

Die Hänge-Buche, ein bekannter Cultivar der Rot-Buche, wurde bereits 1840 in England entdeckt. **Der eindrucksvolle Parkbaum erinnert in seinem Wuchsverhalten an ein Zelt aus Blättern.** Nach guter gärtnerischer Kultur wird die Sorte 'Pendula' auf eine normale Rot-Buche veredelt. Dort wächst sie aufrecht, mit waagerechten, manchmal auch bogenförmigen Ästen, deren Seitenzweige schon in jungen Jahren wasserfallartig bis zum Boden herabhängen. Da die Bäume sowohl in die Höhe als auch in die Breite wachsen und jeweils 25 m erreichen können, sollte ihnen genügend Platz eingeräumt werden. Im Herbst leuchten ihre Blätter prachtvoll gelborange. *Fagus sylvatica* sind bodentolerant, wachsen auf frischen bis feuchten, nährstoff- und humusreichen Böden, bevorzugen jedoch alkalische Substrate. Als Baumart der Wälder sind sie schattenverträglich und reagieren empfindlich auf plötzliches Freistellen der Rinde.

Fagus sylvatica 'Swat Magret'

SCHWARZE BLUT-BUCHE

'Swat Magret' entwickelt sich zu einem eindrucksvollen Großbaum und wird über 20 m hoch. Ihr mächtiger Stamm endet in einer breitrunden Krone, bei der im Einzelstand die Äste bis zum Boden herabreichen können. Sie bildet durch ihre stattliche Erscheinung und ihre interessante Farbgebung einen spannenden Kontrast zum umgebenden Grün. Die Sorte fasziniert den Betrachter mit metallisch glänzendem, dunkelrotem, im Lauf des Jahres schwarzrotem Laub. Im Gegensatz zur sämlingsvermehrten Blut-Buche *F. sylvatica* fo. *purpurea* „vergrünt" die veredelte Sorte 'Swat Magret' im Laufe des Jahres nicht. Sie treibt im Vergleich zur Art, *Fagus sylvatica*, deutlich früher aus und die gewellten Blätter können bis zu 20 cm groß werden. Alle Blut-Buchen gelten als schattenverträglich, jedoch wird die intensive Rotfärbung der Blätter nur an einem sonnigen Standort ausgebildet.

Larix decidua

EUROPÄISCHE LÄRCHE

Im Lauf der Zeit entwickeln sich Europäische Lärchen zu bizarren Großbäumen von 25–35 m Höhe mit offenen und lichten Kronen. Ihre breit ausladenden Äste wachsen waagerecht aufstrebend, mit herabhängenden Seitenzweigen. Alle Lärchen zeigen bereits Anfang April ihre hübschen, frischgrünen Nadelbüschel. Regelrecht spektakulär ist die erst im November einsetzende, leuchtend gelbe Herbstfärbung der einjährigen Nadeln. Sie steht in herrlichem Kontrast zu den zimtroten Seitenzweigen. Im Gegensatz zu den Japanischen Lärchen (*L. kaempferi*) kommen Lärchen aus Europa besser mit warmen Standorten zurecht, doch heiße, trockene Lagen mögen auch sie nicht. Der Boden sollte eher nährstoffreich und lehmig, als leicht und trocken sein.

LvE-Tipp
Alle Lärchen sind gut schnittverträglich und werden gerne zu Hecken oder Garten-Bonsais geformt.

Liriodendron tulipifera

AMERIKANISCHER TULPENBAUM

Tulpenbäume gelten als die „Aristokraten“ des amerikanischen Ostens. Das ist wahrscheinlich auf ihre imposante Wuchshöhe von 40 m und die zunächst schmal kegelförmige Krone zurückzuführen. Später entwickeln sich hoch gewölbte Äste mit überhängenden Zweigen im unteren Kronenbereich. In Nordamerika werden die schnellwüchsigen Bäume gern zur Holznutzung angepflanzt. Weniger schnell ist der Tulpenbaum mit der Blüte. **Erst nach 15 Jahren erscheinen im Juni die tulpenähnlichen Blütenschalen** mit einem grüngelb und orange gefleckten Inneren und den auffälligen Staubgefäßen. Das unverwechselbare Blatt, im Sommer frischgrün, unterseits bläulich grün, verfärbt sich im Herbst flammend goldgelb bis gelbbraun. Für den wärmebedürftigen, spätfrostgefährdeten und hinsichtlich des Standorts anspruchsvollen Baum eignen sich sonnige Lagen. Der Boden sollte nährstoffreich, durchlässig, gut durchlüftet und schwach sauer bis neutral sein – bei stark alkalischen Böden reagiert der Baum chlorotisch.

LvE-Tipp
Schneiden Sie diesen Baum nicht zu spät: nur im Herbst und Frühwinter.

Metasequoia glyptostroboides

URWELTMAMMUTBAUM

Lange Zeit war der Urweltmammutbaum nur noch durch fossile Überreste aus der Kreidezeit, einem Abschnitt des Mesozoikums, bekannt. Zu jener Zeit reichte sein Verbreitungsgebiet vom nördlichen Amerika über Grönland bis in die Mischwälder des nördlichen Europa. Mit der Eiszeit verschwand die Konifere bis auf eine kleine Population in einer unzugänglichen Bergregion Chinas. Die Entdeckung dieser Individuen im Jahr 1941 glich einer botanischen Sensation und seit den 1950er Jahren ist der Baum auch in Europa wieder zu bewundern.

Der etwa 30 m hohe, starkwüchsige Baum mit der streng kegelförmigen, schlanken Krone wurde seit seiner Wiederentdeckung in vielen Parkanlagen, als Allee oder auf Friedhöfen gepflanzt. Die Bäume aus der Familie der Zypressengewächse (Cupressaceae) bestechen durch ihren frühen Austrieb, das wunderbare, hellgrüne Nadelkleid sowie eine auffallende, spät einsetzende Herbstfärbung von orangefarbenen bis hin zu rotbraunen Farbtönen.

In den feuchten Mischwäldern ihrer Heimat klettert der Urweltmammutbaum, auch Chinesisches Rotholz genannt, bis auf eine Höhe von bis zu 1350 m. So lassen sich auch seine Standortansprüche erklären: Er bevorzugt sonnige bis lichtschattige Lagen auf frischen bis nassen Böden bei einer hohen pH-Wert-Toleranz. Dabei sollten die Substrate nicht allzu nährstoffreich sein. *Metasequoia glyptostroboides* gelten als wärmeverträglich und gut frosthart. Was viele nicht wissen: Der Urweltmammutbaum ist äußerst schnittverträglich und kann auch als hohe Hecke eingesetzt werden.

Grundsätzlich werden drei Arten von Mammutbäumen unterschieden. Einer davon ist ***Metasequoia glyptostroboides*** (Urweltmammutbaum). Dabei gilt der Urweltmammutbaum als der anspruchsloseste und klimaverträglichste unter den drei Mammutbäumen. Die zwei anderen sind: *Sequoiadendron giganteum* und *Sequoia sempervirens*, ebenfalls aus der Familie der Zypressengewächse. Sie stammen aus Nordamerika und sind wahre Giganten, erreicht doch ***Sequoiadendron giganteum*** (Bergmammutbaum) in der kalifonischen Sierra Nevada am Naturstandort einen Stammdurchmesser von bis zu 9 m. Auch in Deutschland finden sich zahlreiche Vertreter dieser Spezies, vielleicht nicht ganz so groß, aber dennoch beeindruckend. Sein Kollege, ***Sequoia sempervirens*** (Küstenmammutbaum), bevorzugt die Küstengebiete Nordkaliforniens und kommt nur in diesem schmalen, ungefähr 700 km langen, sehr niederschlagsreichen Streifen vor. Hier stehen mit 116 m Höhe die höchsten Bäume der Welt. Küstenmammutbäume gelten als wenig frosthart, daher sind sie äußerst selten in Deutschland zu finden. Beide Arten werden sehr, sehr alt.

„Death is a low chemical trick played on everybody except sequoia trees.“

J. J. Furnas

Paulownia tomentosa

BLAUGLOCKENBAUM

Der bis zu 15 m hoch werdende Blauglockenbaum ist in vielerlei Hinsicht eine Rarität. Zum einen beeindruckt das Pioniergehölz in der Jugend durch seinen extrem schnellen Wuchs – an die 2 m pro Jahr sind möglich – sowie die monumentalen, an Elefantenohren erinnernden Laubblätter. Daneben gehört *Paulownia tomentosa* zu den wenigen blau blühenden Gehölzen. Ihre runde, locker aufgebaute Krone ist im April vollständig von lilablauen Blüten bedeckt – ein überwältigendes Schauspiel, wenn die bis zu 40 cm langen Blütenrispen vor dem Laubaustrieb erscheinen. Jede Rispe setzt sich aus zahlreichen trompetenförmigen Einzelblüten zusammen, deren zarter Duft Hummeln und Bienen anlockt. Ein etwas geschützter Platz ist empfehlenswert, um die Blütenknospen vor den späten Frösten zu schützen. Der Senkrechtstarter unter den Gehölzen benötigt einen Platz in voller Sonne und sehr trockene bis feuchte, schwach saure bis alkalische Böden. Insgesamt mögen Paulownien keinen Schatten und viel Wärme.

Pinus nigra subsp. nigra

ÖSTERREICHISCHE SCHWARZ-KIEFER

Wussten Sie, dass die Wiener ihre Schwarz-Kiefern auch als „Parapluie-Baum" bezeichnen? (franz. *parapluie* = Regenschirm). **Im Umland der Stadt existieren ausgedehnte Schwarz-Kiefern-Bestände, die früher zur Harzgewinnung, der sogenannten Pecherei, genutzt wurden.** Und weil die Bäume im Alter eine ausladende und schirmförmige Krone ausbilden, bezeichnen die Österreicher sie als „Regenschirm". Ein einziger Baum, mit seinem mächtigen, oft astfreien Stamm, kann jährlich bis zu 2 kg des begehrten Harzes liefern. *Pinus nigra* subsp. *nigra* hat dunkelgrüne Nadeln und bis zu 9 cm lange Zapfen. Sie ist durchaus tolerant was den Boden angeht, ist sie gut eingewachsen, bevorzugt sie trockene bis frische und schwach saure bis stark alkalische (über pH 8,4), durchlässige, kalkhaltige Substrate. Sie wächst allerdings nur in der Sonne, meidet den Schatten, ist trockenheitsresistent, jedoch nässeempfindlich.

Pterocarya fraxinifolia

KAUKASISCHE FLÜGELNUSS

Das auffälligste und namengebende Merkmal an *Pterocarya fraxinifolia* sind ihre Früchte. Die kleinen, zunächst hellgrünen Nüsschen sind von zwei Flügeln eingefasst und hängen perlschnurartig in 20–45 cm langen Fruchtständen bis in den Winter hinein am Baum. Die schnellwüchsigen Gehölze benötigen recht viel Platz, denn sie wachsen oft mehrstämmig und entwickeln eine weit ausladende Krone von bis zu 25 m in der Höhe und Breite. **Nach dem frühen Austrieb erscheinen die beachtlichen, langen, eschenähnlichen Fiederblätter.** Die Kaukasische Flügelnuss bevorzugt sonnige Standorte, wächst jedoch auch im Halbschatten. Idealerweise sollte der Boden mäßig trocken bis nass sein. Ist der Baum gut eingewurzelt, wird auch Trockenheit ausgehalten. Er ist sehr tolerant was den pH-Wert angeht. Von sauer bis alkalisch akzeptiert er alles, liebt aber nährstoffreiche und etwas schwere Substrate.

LvE-Tipp

Dieser Baum verträgt keine Schnittmaßnahmen im Frühjahr, daher nur im Sommer oder Herbst schneiden.

Quercus robur 'Fastigiata'

SÄULEN-EICHE

Die Säulen-Eichen-Sorte 'Fastigiata' ist eine markante Baumgestalt, die durchaus mediterranes Flair verbreiten kann. In der Jugend wachsen die säulenförmigen Bäume mit kräftigen Ästen straff aufrecht. So erreichen sie eine Höhe von 15–20 m, werden dabei aber nur 3, maximal 4 m breit. Später fällt die Krone etwas auseinander und wird breit säulenförmig. Die Sorte 'Fastigiata' wurde lange Zeit nur über Aussaat vermehrt und das Saatgut von einer einzigen Säulen-Eiche gewonnen. So stammen viele Säulen-Eichen von dieser fast 600 Jahre alten natürlichen Mutation ab und sind, wie bei Sämlingen üblich, variabel im Habitus. Heutzutage sorgt eine Vermehrung über Veredlung dafür, dass die Sorte 'Fastigiata' nur ihren säulenförmigen Habitus ausbildet. Säulen-Eichen bevorzugen sonnige bis halbschattige Plätze. Beim Standort sind sie ansonsten nicht wählerisch, von sauer bis alkalisch, werden alle nährstoffreichen Böden von ihnen akzeptiert.

LvE-Tipp

Garantiert schmal bleibt *Quercus robur* 'Fastigiata Koster'.

Salix × sepulcralis 'Chrysocoma'

HÄNGE-WEIDE

Seit fast 100 Jahren kann man malerische Trauer- oder Hänge-Weiden in unseren Gartenanlagen bewundern. Sie sind **wie geschaffen für eine Einzelstellung in Parks oder an großen Wasserflächen**, denn erst freistehend entfaltet sich die ganze Schönheit ihrer hellgelben, herabhängenden Äste. Eine Hänge-Weide kann mit ihrer weit ausladenden Krone bis zu 20 m hoch und breit werden. Im zeitigen Frühjahr steht der glänzend-frischgrüne Austrieb im wundervollen Kontrast zu den leuchtend gelben Ästen. Meistens handelt es sich um männliche Exemplare, die mit ihren gelben, wohlriechenden Kätzchen aufwarten. Sie gelten als eine der ersten Bienenweiden im zeitigen Frühjahr. Hänge-Weiden fühlen sich an einem sonnigen Standort wohl, gedeihen aber auch im Halbschatten. Sie mögen alle mäßig trockenen bis feuchten Böden bei sauren bis alkalischen Verhältnissen.

LvE-Tipp

Die Sorte ist auch als *Salix alba* 'Tristis' im Handel.

Taxodium distichum

ECHTE SUMPFZYPRESSE

Die Echte Sumpfzypresse ist **eine lichte, malerische Erscheinung** und kann bis zu 20 m hoch werden. Der sommergrüne Nadelbaum, mit einer zunächst breit-pyramidalen, später halbgeöffneten Krone bezaubert durch sein zartgrünes Nadelkleid. Das filigrane Laub verfärbt sich recht spät im Herbst in orangefarbene bis rotbraune Töne. Ebenfalls faserig und rotbraun gefärbt ist die dekorative Rinde. Taxodien kommen ursprünglich aus den Flusstälern Nordamerikas und wachsen gern in der Nähe von Gewässern an mäßig trockenen bis nassen Standorten, sogar Überflutungen werden gut vertragen. Zur besseren Durchlüftung der Wurzeln im sumpfigen Gelände und zur Verankerung bildet diese Art sogenannte „Atemknie" von bis zu 1 m Höhe, dadurch gelten die Bäume als recht windfest. Bevorzugt werden von ihnen saure bis neutrale Böden in sonnigen Lagen.

MITTELGROSSE BÄUME | NEUE BÄUME BRAUCHT DAS LAND

Ein Sommer in Deutschland fühlt sich heute anders an als noch vor wenigen Jahrzehnten und auch die anderen Jahreszeiten haben sich verändert. Auf lang anhaltende Perioden mit trockenem Wetter folgen oft Wochen mit vielen und teils auch schweren Niederschlägen, oder das Wetter ändert sich ständig ohne jede Konstanz. Diese veränderten Klimabedingungen machen vielen Pflanzen zu schaffen. Manche Baumarten werden an schwierigen Standorten nicht überleben können und müssen vorausschauend durch zukunftsfähige Bäume ersetzt werden.

Klimawandel – besonders hart in der Stadt

Was für uns ein Sommer mit neuen Hitzerekorden oder ein schneeloser Skiurlaub ist, schafft für Pflanzen und Bäume veränderte Lebenssituationen, an die sie sich anpassen müssen. Nach weltweiten Beobachtungen werden in Zukunft Trockenperioden, Starkregen, schwere Gewitter, Hitzewellen, Stürme und Hagel zunehmen. Für die Stadtvegetation mit ihren sowieso schon schwierigen Standorten bedeutet der Klimawandel einen zusätzlichen Stressfaktor. Durch den Wandel werden die Bäume an urbanen Standorten weiter geschwächt und ihre Krankheitsanfälligkeit nimmt zu. Außerdem steigt der Schädlingsdruck durch neu eingewanderte Schadorganismen, Insekten, Pilze und Bakterien, die sich nun hier etablieren können, dramatisch.

Temperatur – es wird wärmer

Noch haben wir es in der Hand, wie stark die Temperatur in den nächsten Jahrzehnten zunehmen wird. Alle Prognosemodelle zeigen, dass eine Temperaturzunahme und die Zunahme des CO_2-Gehalts der Atmosphäre eng korrelieren. Geht man im 19. Jahrhundert von einem Wert von ca. 300 ppm aus, so liegt der heutige Wert im Mittel um die 400 ppm. Zwischen 2,5 und 3,5 °C könnte sich die globale Temperatur (nach dem Remo-Modell des Hamburger Max-Planck Instituts) bis 2100 in Deutschland erhöhen, was einer Zunahme des CO_2-Gehalts auf 550–880 ppm entsprechen würde. „2 °C sind genug" – das ehrgeizige Klimaschutzziel der EU wird nur bei einem langfristigen CO_2-Gehalt von 450 ppm zu halten sein.

Heute finden sich in den Städten hauptsächlich acht Baumgattungen, die in der Vergangenheit gut funktioniert haben: *Acer*, *Tilia*, *Quercus*, *Aesculus*, *Fraxinus*, *Platanus*, *Sorbus* und *Robinia*. Etliche von ihnen haben inzwischen massive Probleme mit Schadorganismen. Ein Umdenken und eine Erweiterung der Artenvielfalt, gerade bei der Begrünung von Städten, ist daher dringend erforderlich. Unsere langjährige Erfahrung zeigt: Es gibt durchaus viele gut geeignete und schöne Bäume, die bislang zu wenig Beachtung finden.

Wissenschaftler gehen davon aus, dass die Temperatur auf dem gesamten Globus steigen wird. Für unsere Breiten bedeutet das: Die Klimazonen werden sich in nördlicher Richtung verschieben. Die Annahme, dass Pflanzen, die in wärmeren Zonen bereits gut etabliert sind, einfach hier gepflanzt und kultiviert werden können, ist trügerisch. Experten rechnen damit, dass zu den höheren Temperaturen auch extreme Wetterphänomene kommen. Das heißt eine Zunahme von Starkregen

Niederschlag – trockene Sommer, feuchte Winter

Als wahrscheinlich gilt, dass der Gesamtniederschlag in Mitteleuropa etwa gleich bleibt, aber in einigen Teilen Deutschlands ein Rückgang der Niederschläge um bis zu 30 % zu befürchten ist. Andere Prognosemodelle gehen von einer Zunahme der Niederschläge aus. Gleichzeitig wird eine Umverteilung in lang anhaltende Trockenperioden in der Vegetationszeit und gleichzeitige Zunahme der Starkregenereignisse prognostiziert; mit deutlicher Steigerung der Niederschlagsmenge im Winter.

mit Überschwemmungen, starke Trockenzeiten (besonders schwierig für Bäume im Frühjahr) bis hin zu Dürren oder harte Winter mit langen und späten Frostperioden sind zu erwarten.

Auch in den Baumschulen lässt sich feststellen: Die klimatischen Veränderungen fordern bei Pflanzen vor allem ihre Trockenstresstoleranz und ihre Frostempfindlichkeit heraus. Einige werden sich gut auf die neuen Bedingungen einstellen können, andere nicht. Die zwei genannten Faktoren geben darüber Auskunft, ob einzelne Gehölze aus wärmeren Klimazonen bei uns in Zukunft verwendet werden können oder nicht. Um die Eignung von Bäumen zu auszutesten, müssen zunächst umfangreiche Langzeitversuche durchgeführt werden, denn wer heute einen Baum pflanzt, trifft eine Entscheidung für die nächsten Jahrzehnte.

Stadtbaum

Einen Baum standortgerecht zu pflanzen bedeutet: Der Pflanzenverwender muss die Ansprüche eines Baumes an Boden, Licht, Platz und seine Stadtverträglichkeit beachten. In allen gängigen Baumschulkatalogen gibt es ausführliche Beschreibungen, die immer an die aktuellen Forschungsergebnisse, beispielsweise neue Erkenntnisse zum pH-Wert, angepasst werden. Es ist außerdem wichtig, Bäume niemals zu tief zu pflanzen, denn Wurzeln brauchen Luft zum Atmen. Selbstredend ist für genügend Wasser in der Anwachsphase zu sorgen. Ausführliche Hinweise zur Pflanzung und Pflege von Bäumen findet man in den Regelwerken der FLL (Forschungsgesellschaft Landschaftsentwicklung Landschaftsbau).

Grüne Zukunft

Kompetente Pflanzenverwender wählen Bäume und Gehölze standortgerecht aus. So können gesunde und vitale Pflanzen ihre positive Wirkung in der Stadt entfalten. Wir müssen dafür sorgen, dass die Vielfalt in der Stadt nicht nur erhalten bleibt, sondern zunimmt, denn Stadtgrün ist kein Luxus.

Herausforderung Klimawandel: Stadtbäume sind aufgrund von Verdichtung und Versiegelung besonders stark von den Auswirkungen des Klimawandels betroffen. Daher brauchen wir zukunfts- und widerstandsfähige Baumarten, die Frost und Trockenheit trotzen, um das Grün in unseren Städten zu erhalten.

VERWENDUNG

Carpinus betulus, die Hainbuche, gilt als eines der anpassungsfähigsten Gehölze für „urbanes Grün“. Die Art ist widerstandfähig und robust, lässt sich wunderbar zurückschneiden und sorgt an gut vorbereiteten Standorten für ausdauerndes Grün in der Stadt.

Styphnolobium japonica 'Regent', der japanische Schnurbaum, ist ebenfalls bestens für einen Standort in der Stadt geeignet. Zudem gelten die spätblühenden Leguminosen als wichtiger Nektarspender für Bienen & Co.

Acer campestre

FELD-AHORN

Vom zierlichen Fächer-Ahorn bis zum imposanten Berg-Ahorn – die Gattung Ahorn lässt sich nicht so leicht charakterisieren, werden doch an die 150, zum Teil sehr unterschiedliche Arten dazu gerechnet. Ein spannender Vertreter der mittelgroßen Bäume ist der Feld-Ahorn. Er ist in Europa heimisch und kann eine Höhe bis zu 15 m erreichen. Dabei bildet er eine eiförmige bis rundliche Krone, ist **sehr anpassungsfähig und toleriert alle Standorte**, bis auf schattige Lagen. Er bevorzugt leichte bis mittelschwere Böden. Der stadtklima- und windfeste Baum wird in manchen Jahren vom Mehltau heimgesucht. Diverse Züchtungen haben mehltaufeste Sorten hervorgebracht, beispielsweise die Sorte 'Elsrijk'.

LvE-Tipp

Der Feld-Ahorn ist sehr schnittverträglich und wird auch als Heckenpflanze oder Hochspalier sehr geschätzt.

Alnus × spaethii

PURPUR-ERLE

Bereits zu Beginn des letzten Jahrhunderts ist diese Baumart mit der pyramidenförmigen Krone aus einer Kreuzung von Japanischer mit Kaukasischer Erle hervorgegangen. Die Purpur-Erle verdankt ihren deutschen Namen dem purpurvioletten Austrieb und der auffallend violettroten Herbstfärbung. Der frühe Austrieb von *Alnus × spaethii* entwickelt sich zu matt-dunkelgrünen Blättern, die bis November am Baum verbleiben können. Europäische Erlen kommen häufig an Flüssen oder auf feuchten Standorten vor. Von der Japanischen Erle hat die Purpur-Erle ihre Fähigkeit, auch auf trockenen Standorten zu gedeihen. Purpur-Erlen wachsen auf nahezu allen Böden von mäßig trocken bis feucht, sind sogar kalkverträglich und gelten als anspruchslos und durchaus windfest. Was zukünftig nicht ganz unerheblich sein dürfte.

LvE-Tipp

Die Purpur-Erle gilt als Stadtbaum der Zukunft.

Carpinus betulus 'Fastigiata'

SÄULEN-HAINBUCHE

Vom deutschen Namen Säulen-Hainbuche sollte man sich nicht täuschen lassen. In der Jugend wachsen sie durchaus straff säulenförmig, doch im Alter entwickelt die Sorte 'Fastigiata' eine eher breitrunde Krone von 6–12 m Breite, mit einer Höhe von bis zu 15 m. **Die fächerartig aufwärts strebenden Zweige sind besonders im Winter, wenn sich die Textur der Krone zeigt, schön anzusehen.** Alle Hainbuchen wachsen in sonnigen bis schattigen Lagen auf allen nicht zu nährstoffarmen Böden und sogar im alkalischen Bereich. Sie gelten als hitzeverträglich, gut schnittverträglich und sehr robust. Häufig werden sie als Allee- und Straßenbäume verwendet, sind allerdings etwas salzempfindlich.

Celtis australis

EUROPÄISCHER ZÜRGELBAUM

Der Europäische Zürgelbaum ist ein hervorragender Baum für den innerstädtischen Bereich aus der großen Familie der Hanfgewächse. Er toleriert trockene Standorte und entwickelt sich zu einem malerischen Baum von 10–20 m Höhe und einer breitrundlichen, manchmal fast schirmförmigen Krone mit ausladenden Ästen. Typisches Erkennungsmerkmal sind die gestielten, etwa 1 cm großen, violettbraunen Steinfrüchte, die ab September im Baum hängen. Die essbaren Früchte werden in Südtirol auch als „Zürgeln" bezeichnet und traditionell für Süßspeisen verwendet. Was den Boden anbelangt gilt der Europäische Zürgelbaum als anspruchslos: Von saurer bis schwach alkalischer Bodenreaktion wird alles ertragen. Sein einziges Manko: eine gewisse Frostanfälligkeit in der Jugend. Mit dem Alter nimmt die Winterhärte jedoch deutlich zu und liegt bei Minimaltemperaturen von −20,5 bis −17,8 °C.

Corylus colurna

BAUM-HASEL

Ursprünglich in den Bergregionen Südosteuropas beheimatet, ist diese Baumart ein wahrer Überlebenskünstler. Heute ist sie in ihrer natürlichen Heimat fast komplett ausgerottet, da ihr wertvolles Holz in der Vergangenheit zu intensiv genutzt wurde. Bereits seit der Mitte des 16. Jahrhunderts werden Baum-Haseln auch bei uns gepflanzt. Die robusten Bäume mit der kegelförmigen Krone erreichen eine Höhe von 15 –20 m und gedeihen an nahezu jedem sonnigen bis halbschattigen Standort. Sie wachsen auf schweren, sogar verdichteten Böden, die gerne kalkhaltig sein dürfen. Eingewachsen verträgt die Baum-Hasel längere Trockenzeiten und erstaunlicherweise auch Überflutungen. Sie gilt als hitzeverträglich und unempfindlich gegen Luftverschmutzung, das macht sie zum optimalen Straßenbaum in der Stadt. Die zahlreichen Nüsse, die ab September erscheinen, haben im Gegensatz zu Haselnüssen einen eher milden Geschmack.

LvE-Tipp

Nach der Pflanzung sollte auf eine gleichmäßige Wasserzufuhr geachtet werden.

Fraxinus pennsylvanica 'Summit'

ROT-ESCHE

Heimische Eschen (*Fraxinus excelsior*, Gewöhnliche Esche) haben es zurzeit nicht leicht. Das Eschentriebsterben, verursacht von einem Pilz namens *Hymenoscyphus pseudoalbidus*, macht den Bäumen schwer zu schaffen. Doch es gibt Alternativen: *Fraxinus pennsylvanica* 'Summit', eine amerikanische Selektion aus dem Jahr 1957, ist weitgehend resistent gegen diesen Schaderreger. Rot-Eschen (*F. pennsylvanica*) werden auch als Grün-Eschen bezeichnet. Sie entwickeln sich zu mittelgroßen Bäumen von 15–18 m Höhe mit einer in der Jugend ovalen, später runden Krone und werden schon seit längerer Zeit im nördlichen Amerika als raschwüchsige Straßenbäume sehr geschätzt. **Die Sorte 'Summit' hat eine duftende, jedoch eher unauffällige Blüte und wenig Fruchtansatz.** Ihr Herbstlaub verfärbt sich von gelb bis gelb-violett und fällt zeitnah vom Baum. Der Standort sollte trocken, alkalisch, nährstoffreich und durchlässig sein. Diese Eschen bevorzugen sonnige bis halbschattige Lagen.

Gleditsia triacanthos 'Skyline'

AMERIKANISCHE GLEDITSCHIE

Wenn man einen Baum mit einer transparenten Krone sucht, ist eine *Gleditsia triacanthos* 'Skyline' eine gute Wahl, denn ihr lichter Schatten lässt sogar eine Unterpflanzung zu. Diese Sorte, 1957 in Nordamerika entdeckt, hat weitere Vorteile: Während bei „normalen" Gleditschien scharfe und verzweigte Dornen an Ästen und Stamm entstehen, handelt es sich bei der Sorte 'Skyline' um eine dornenlose Selektion. **Typischerweise wachsen die Bäume dieser Variante 12–15 m hoch**, bei einer maximalen Breite von 8 m, und entwickeln eine eiförmig- bis pyramidal-geschlossene, recht aufrechte Krone. Blüten werden selten gebildet, daher entstehen auch keine Früchte, was für einen Einsatz als Straßenbaum positiv zu werten ist. Des Weiteren vertragen alle Gleditschien recht gut Trockenheit und stellen an den Boden keine großen Ansprüche. Sie bevorzugen nährstoffreiche Böden, vertragen durchaus Kalk und sind stadtklimageeignet. Die GALK (siehe Seite 10) bewertet diese Sorte mit „gut geeignet" für die Verwendung in der Stadt.

Liquidambar styraciflua

AMERIKANISCHER AMBERBAUM

Dieser wunderbare Herbstfärber wird in seiner Heimat als „American Sweetgum" bezeichnet, denn schon die Indianer haben aus seinen Stämmen ein flüssiges Balsamharz gewonnen, das unter anderem zur Kaugummiherstellung genutzt wurde. Die in Deutschland nur mittelgroßen Amerikanischen Amberbäume werden über Aussaat vermehrt. Das bedeutet, sie können in Wuchs und Herbstfärbung durchaus variieren. Wer gezielt nach einem auffälligen Herbstfärber sucht, sollte auf veredelte Sorten zurückgreifen oder im Herbst die Bäume direkt in der Baumschule auswählen. *Liquidambar styraciflua* benötigt sonnige und geschützte Lagen auf frischen bis feuchten Standorten. Zu feuchte Böden führen zu violetter Herbstfärbung. Weitere Ansprüche: saure bis neutrale, mineralische, sandig-lehmige oder lehmige, gern nährstoffreiche Substrate.

LvE-Tipp

Eine Frühjahrspflanzung und ein Sommerschnitt sind ratsam.

Ostrya carpinifolia

HOPFENBUCHE

Bei der anspruchslosen und robusten Hopfenbuche handelt es sich – zu Unrecht – um eine eher unbekannte Baumart. **Ihr natürliches Verbreitungsgebiet ist der Mittelmeerraum.** In dieser Region kommt sie heute kaum noch vor, denn aufgrund ihres schweren und harten Holzes wurden die natürlichen Bestände stark genutzt und dezimiert. Vom Habitus her ähnelt die Hopfenbuche einer Hainbuche, sie wird bis zu 16 m hoch und entwickelt eine pyramidal-breitrunde Krone. Selbst das Blatt erscheint ähnlich, wenn man nicht ganz genau hinschaut. Von August bis Oktober erscheinen ihre dekorativen, hopfenähnlichen bis zu 6 cm langen Fruchtstände. Besten Zuwachs machen *Ostrya carpinifolia* auf schwach sauren bis alkalischen, gern kalkreichen und leichten Böden. In vielen Testungen überzeugte die Hopfenbuche als Zukunftsbaum fürs städtische Grün, mit guter Gesundheit und hoher Trocken- und Frostresistenz.

LvE-Tipp

Ein hohes Ausschlagvermögen zeichnet die Hopfenbuch aus.

Quercus frainetto

UNGARISCHE EICHE

Diese aus Südeuropa stammende Eichen-Art entwickelt sich am Naturstandort zu einem stattlichen Baum von 20 m Höhe und mehr, doch bleibt sie in unseren Breiten deutlich darunter. Wie bei vielen Eichen sollte man ihr, aufgrund ihrer waagerechten Wuchsform, genügend Platz zum Ausbreiten einräumen. An sonnigen Plätzen fühlt sich diese Eiche wohl, sie mag sandig-lehmige oder noch besser lehmige Böden, von sauer bis alkalisch. Aufgrund ihrer Toleranz gegenüber Trockenheit und Hitze qualifiziert sie sich für einen Platz in der Stadt, dabei ist auch ihre Frosthärte, trotz der mediterranen Herkunft, überzeugend. Lediglich in den ersten Jahren nach der Pflanzung sollte man bei strengen Frösten einen Winterschutz anbringen. Das bis zu 15 cm große Eichenlaub haftet in manchen Wintern noch sehr lange am Baum.

Sorbus

MEHLBEERE

Zur Gattung *Sorbus*, den Mehlbeeren, zählen meist sommergrüne Bäume und Sträucher, die als lichthungrige Pioniergehölze schwierige Standorte auf der Nordhalbkugel besiedeln. **Die etwa 100 Arten, zu den Rosengewächsen gehörend, variieren stark in Größe und Habitus.** So findet man neben kleinen Sträuchern von nur 1,50 m Höhe auch Großbäume wie den Speierling, der bis zu 30 m erreichen kann. Gelegentlich wachsen *Sorbus* mehrstämmig. Sie können sich sogar in Felsspalten mit wenig Substrat etablieren, genauso ein Extremstandort wie jene Dachrinnen, in denen sich, in minimalem Substrat, die ein oder andere junge Mehlbeere findet. Sie haben im Allgemeinen keine hohen Ansprüche an den Boden, egal ob lehmig oder sandig, und gedeihen auf allen durchlässigen, nährstoffarmen, meist sauren, jedoch nicht zu trockenen Böden. Die auffälligen, apfelähnlichen Früchte erscheinen bei vielen Arten bereits im Sommer und werden von zahlreichen Vögeln sehr geschätzt und an urbanen Standorten schnell geplündert. Der deutsche Name Vogelbeere für ***Sorbus aucuparia*** zeugt von dieser Vorliebe: An die 60 Vogelarten verzehren gern ihre auffälligen Früchte. Doch auch die anderen Mehlbeeren-Arten sind in der Vogelwelt begehrt. Manche neuen Züchtungen wie ***Sorbus commixta* 'Dodong'** faszinieren durch ihre lang anhaltende wundervolle Herbstfärbung, welche in schönem Kontrast zu den orangeroten Beeren steht.

Zwei robuste Sorten werden als Straßenbäume für die Verwendung in der Stadt empfohlen: *Sorbus aria* 'Magnifica' und *Sorbus intermedia* 'Brouwers'. Beide Arten bilden in ihren Bodenansprüchen eine Ausnahme von der Gattung. Sie bevorzugen kalkreiche und eher trockene Böden. ***Sorbus aria* 'Magnifica'** ist ein reich fruchtender Vertreter der Echten Mehlbeere. Die gesunden, kleinen bis mittelgroßen Bäume können eine Höhe von bis zu 18 m erreichen und bilden eine kegel- bis eiförmige Krone. Typisch sind das breit-eiförmige Blatt mit der grauwolligen Blattunterseite und ihre großen, weißen Blüten, die in auffälligen Trugdolden von Mai bis Juli erscheinen. Orangerote Früchte zieren ab September den Baum und erfreuen die Vogelwelt. Im Gegensatz zu *Sorbus aria* 'Magnifica' wächst die schmalkronige Schwedische Mehlbeere, ***Sorbus intermedia* 'Brouwers'**, eher ausgebreitet mit oft tiefem Kronenansatz. Diese Auslese wird als besonders windfest eingestuft. Die Blätter sind auf der Blattunterseite ebenfalls graufilzig, doch etwas mehr eingebuchtet als bei *Sorbus aria*. Es handelt sich um eine holländische Selektion, die bis zu 12 m hoch werden kann. Ihre Blüte ist nicht ganz so auffällig wie bei der Sorte 'Magnifica' und sie bildet weniger orangerote Früchte. Sicherlich ein Vorteil für den einen oder anderen städtischen Standort, denn das bedeutet im Gegenzug deutlich weniger „Pflastermarmelade".

Tilia cordata 'Greenspire'

STADT-LINDE

Bei der Wildart (*Tilia cordata*) handelt es sich um die in Europa heimische und geschätzte Winter-Linde. **Im Gegensatz zu diesen Großbäumen entwickelt sich die amerikanische Selektion 'Greenspire' zu einem mittelgroßen Baum** mit einer kompakt kegelförmigen, sehr gleichmäßigen Krone von 15–18 m Höhe. Sie verträgt zudem mehr Hitze, Luft und Bodentrockenheit als die Normalform, was sie zu einem gut geeigneten Stadtbaum laut GALK-Straßenbaum-Liste (siehe Seite 13) macht. Auf nährstoffreichen, alkalischen Lehmböden an einem sonnigen Standort entwickeln sich die Stadt-Linden rasch und gut. Außerdem überzeugen die veredelten Linden mit einer späten Blüte, süßem Duft sowie einer prachtvollen goldgelben Herbstfärbung. Ihre dichten Kronen bieten einen wertvollen Lebensraum für zahlreiche Insekten. Die Sorte 'Greenspire' ist, wie alle Linden, eine wertvolle Bienennährpflanze.

Tilia henryana

HENRY'S LINDE

Bei *Tilia henryana* handelt es sich um eine der auffälligsten und schönsten Linden-Arten. Leider ist sie in Deutschland noch ziemlich unbekannt. Diese Rarität aus China bevorzugt einen warmen und geschützten Platz. An Standorten in Sonne bis lichtem Schatten entwickelt sie sich zu einem mittelgroßen Baum von etwa 12–15 m Höhe mit einer breitovalen Krone. **Die zahlreichen cremeweißen Rispen dieser herbstblühenden Linde verströmen einen starken Duft** und gelten in Imkerkreisen als späte, exzellente Bienenweide. Neben der Blüte sind auch der rosa- bis dunkel-bronzefarbene Austrieb und die dekorativ gezähnten, dunkelgrünen Blätter sowie die klare gelbe Herbstfärbung echte Hingucker. *T. henryana* akzeptiert alle Gartenböden, aber feucht, dabei gut durchlässig und sauer bis schwach alkalisch sollten sie sein.

LvE-Tipp

Sie ist wie alle Linden gut schnittverträglich und kann auch als Dachform oder Spalier gezogen werden.

Ulmus hollandica 'Columella'

HOLLÄNDISCHE ULME

Früher waren Straßen und Wege durch Ulmen gesäumt – leicht zu bestimmen durch ihren asymmetrischen Blattgrund. Zu Beginn des letzten Jahrhunderts wurden aus Ostasien und Nordamerika mehrere pflanzenpathogene Pilzstämme, *Ophiostoma ulmi* und *O. novo-ulmi*, eingeschleppt, die Tracheomykosen bei allen europäischen und amerikanischen Ulmen-Arten verursachen. Sie vernichteten einen Großteil der Ulmenbestände Europas. Seit den 1980er Jahren laufen intensive Züchtungsprogramme zur Rettung der Ulmen. Es wird versucht, durch Einkreuzen resistenter asiatischer Ulmen-Arten widerstandsfähige Ulmen zu finden und zu vermehren. **Die aus diesem Programm hervorgegangenen Resista-Sorten erweisen sich bislang als widerstandsfähig gegenüber den aktuellen Schaderregern.** Der Sorte 'Columella' wird ebenfalls eine hohe Widerstandsfähigkeit gegenüber den Pilzsporen nachgesagt. Sie entwickelt sich zu Bäumen von bis zu 20 m Höhe, dabei fällt besonders ihre schmale, fast säulenförmige Krone ins Auge. Alle Ulmen gelten als windfest und stadtklimageeignet. Sie bevorzugen sonnige bis leicht schattige Standorte auf frischen bis feuchten, gern nährstoffreichen Böden.

Zelkova serrata 'Green Vase'

JAPANISCHE ZELKOVE

In Japan gelten *Zelkova serrata* seit Langem als wichtige Straßenbäume. **Sie zeichnen sich durch eine hohe Stadtklimaverträglichkeit und gute Trockenresistenz aus.** Die Sorte 'Green Vase' wurde bereits in den 1980er Jahren in Nordamerika selektiert. Sie bildet raschwüchsige Bäume mit schmal-trichterförmigen Kronen, die eine Höhe von 15–20 m und eine Breite von bis zu 12 m erreichen können. Diese gesunden und windfesten Bäume bevorzugen trockene bis frische, saure bis alkalische Standorte von sandig-lehmiger bis lehmiger Beschaffenheit. Neben einer malerisch schirmförmigen Krone im Alter haben sie auch eine schöne, spät einsetzende Herbstfärbung in Orangegelb oder prachtvollem Ziegelrot, seltener Purpurrot. Zelkoven gehören zur Familie der Ulmengewächse, weisen aber eine hohe Resistenz gegen die Ulmenkrankheit auf.

KLEINE BÄUME | DER BAUM – MEIN FREUND FÜRS LEBEN

Ein Garten ohne Bäume? Unvorstellbar. Sind es doch die Bäume, die einem Garten Struktur verleihen, Schatten spenden und Räume bilden – somit ein Muss für eine harmonische Gestaltung. Doch Bäume stehen für mehr: Sie sind von jeher Symbol für Wachstum, Standhaftigkeit, Schutz und den Glauben an die Zukunft.

Hausbaum

In der Vergangenheit hatte jeder Hof einen Hausbaum, der durch seinen unverwechselbaren Habitus das Grundstück prägte. Haus und beschützender Baum gehörten zusammen, ja sie bildeten eine Einheit. Zahlreiche Ereignisse, wie Geburt, Taufe, Hochzeit oder Hausneubau waren ein willkommener Anlass einen Baum zu pflanzen. Oft wurden Bäume mit hoher Symbolkraft gewählt: So steht die Linde für Liebe und Gastfreundschaft, eine Eiche für Standfestigkeit und Stärke, während eine Walnuss Fruchtbarkeit symbolisiert.

Heute spielen andere Faktoren, meist gestalterische Aspekte oder der praktische Nutzen, eine Rolle bei der Entscheidung einen Hausbaum zu pflanzen. Doch noch immer gilt: Ein Baum behütet das Haus und spendet Schatten. Durch seinen Anblick lassen sich die Jahreszeiten besser wahrnehmen und nicht selten erfreuen tierische Besucher die Bewohner. Selbst in den immer kleiner werdenden Hausgärten kann ein Baum Platz finden – allerdings wahrscheinlich kein klassischer Baum, der mit seiner Wuchsfreudigkeit den Rahmen eines Reihenhausgartens sprengen würde und dauerhaft zurückgeschnitten werden müsste. An dieser Stelle ein Plädoyer für Hochstämme, denn durch den hohen Kronenansatz geht, gerade in kleinen Gärten, fast kein Platz verloren.

Im Angebot von gut sortierten Baumschulen finden sich etliche Arten und Sorten, die ihrem Besitzer nicht über den Kopf wachsen und noch nach vielen Jahren als liebgewonnener Freund ihre Funktion im Garten übernehmen. Sie werden mit dem Alter immer schöner und wertvoller und bilden in unserer schnelllebigen Zeit ein in sich ruhendes Gegengewicht.

Zierwert versus ökologischer Nutzen?

Es gibt etliche Baumarten, die Zierwert und ökologischen Nutzen vereinen. In Zeiten von Insektensterben und Vogelrückgang sind Bäume mit Nahrungsangebot, in welcher Form auch immer, ein wertvoller Beitrag zum Umweltschutz.

Richtige Auswahl und optimaler Standort

Zunächst muss man über Funktion, Größe und Standortbedingungen, genauer Lichtverhältnisse und Bodenbeschaffenheit, des zukünftigen Hausbaums nachdenken. Daneben sollten auch Aspekte wie Blüte, Rindenschmuck, Herbstfärbung oder Bienenweide nicht vernachlässigt werden. Und die räumliche Umgebung ist in die Überlegungen einzubeziehen.

Es steht eine Vielzahl von Wuchsformen zur Verfügung. Ob schlanke, säulenförmige Bäume oder kugeliger Habitus – formale Kronen setzen Akzente und passen gut zu moderner Architektur. Säulen sind für alle Orte mit wenig Platz geeignet, wohingegen Kugelbäume Eingangssituationen betonen oder Schattenplätze schaffen können. Ihre Kronen werden meist recht dicht und, anders als erwartet, durchaus breit. Leichter

Schattenspender Baum: Nachdem unsere Sommer immer wärmer werden, sind schattige Plätze im sommerlichen Garten ein Muss. Zumal der Schatten unter einem Baum als angenehmer empfunden wird, als der eines Sonnenschirms.

wirken schirmförmige Kronen, die für einen lichten Schatten sorgen. Aufgrund der höheren Luftfeuchtigkeit wird der Schatten unter einem Baum meistens als angenehmer empfunden als der eines Sonnenschirms.

Malerische, frei gewachsene Baumgestalten können sich mit dem Haus verbinden und eignen sich nicht nur für den ländlichen Standort. Sie können auch formaler Architektur zu Leichtigkeit verhelfen.

Ob als Schattenspender, Obstlieferant oder als symbolischer Schutz – ein Hausbaum ist ein Freund fürs Leben und sollte mit Bedacht ausgewählt an einem prominenten Platz im Garten stehen. Dort wächst er über Jahrzehnte zu einer Persönlichkeit heran und bildet eine Symbiose mit dem Haus und seinen Bewohnern. Je nach Gartengröße kann man „seinen" Baum natürlich auch bei den mittelgroßen oder großen Bäumen finden …

Baumschnitt

Ist der Platz für einen Baum zu klein gewählt, muss ein regelmäßiger, regulierender Rückschnitt erfolgen. Ohne rechte Fachkenntnisse wird schnell der natürliche Habitus zerstört. Als Folge versucht der Baum die Schnittmaßnahmen auszugleichen und bildet an der Schnittstelle unkontrollierte Besentriebe, die wiederum unschön und auf Dauer bruchgefährdet sind.

VERWENDUNG

Vier-Jahreszeiten-Gehölze, hier die Felsenbirnen, *Amelanchier lamarckii*, bieten zu jeder Jahreszeit spannende Aspekte. Nach beeindruckender Blüte, Fruchtschmuck und flammender Herbstfärbung, sorgen die aufgeasteten Schirmformen auch im Winter für ein malerisches Entree.

Ist der Platz limitiert, können kleinkronige Bäume für die gewünschte Raumwirkung sorgen. *Prunus*-Hochstämme unterpflanzt mit Eiben-Quadern schaffen eine wunderbare Eingangssituation.

Acer × zoeschense 'Annae'

ZOESCHENER AHORN

Acer × zoeschense 'Annae' ist ein wunderbarer kleiner Ahorn, der nur bis zu 10 m hoch wird, dessen Herkunft jedoch nicht ganz geklärt ist. Zumindest ein Elternteil dieser Kreuzung steht jedoch fest: der Feld-Ahorn (*Acer campestre*). Die Krone ist rundlich und dabei eher breit als hoch, dicht belaubt und seine Äste hängen malerisch über. **Im Frühjahr überrascht diese Auslese mit einem kräftig dunkelroten Austrieb.** Später vergrünen die Blätter, um, allerdings recht spät im Herbst, mit einer leuchtend gelben Herbstfärbung aufzuwarten. Dieser Ahorn mag sonnige bis halbschattige Lagen auf sauren bis stark alkalischen Standorten. Gern steht er auf sandigen Lehmböden von trocken bis feucht, doch eigentlich ist er recht anspruchslos. *Acer × zoeschense* 'Annae' ist aufgrund seiner Hitzeverträglichkeit und der Auszeichnung „stadtklimafest" in Großbritannien seit Langem ein beliebter Straßenbaum.

Amelanchier arborea 'Robin Hill'

SCHNEE-FELSENBIRNE

Typisch für Felsenbirnen (*Amelanchier*) **ist ihr malerischer, oft schirmförmiger Wuchs**, häufig findet man sie auch als mehrstämmige Großsträucher. Bei der Variante 'Robin Hill' handelt es sich um eine Auslese aus Nordamerika. Sie entwickelt sich zu einem schmalen, zierlichen Baum mit aufrechten Ästen, der bis zu 8 m hoch werden kann. Sehr früh, in manchen Jahren bereits ab März, erscheinen die rosafarbenen Knospen. Sie entfalten sich zu wunderschönen weißen Blütentrauben und verströmen einen angenehmen Duft, der zahlreiche Insekten anlockt. Ab Juni reifen die schwarz-purpurnen Beeren, eine wichtige Nahrungsquelle für zahlreiche Vögel. Die fantastische, orangerote Herbstfärbung spricht jedes Jahr für sich. Die robusten *Amelanchier arborea* bevorzugen einen sonnigen bis lichtschattigen Standort auf frischen bis feuchten, gerne humosen Böden. Diese können sauer bis leicht alkalisch sein.

Carpinus betulus

HAINBUCHE

Hainbuchen, auch Hagebuchen genannt, gelten als Halbschatten- bis Schattenpflanzen und kommen in ganz Mitteleuropa vor. Bereits im Mittelalter wurden breite Wehrhecken aus umgeknickten Hainbuchen in Kombination mit Dornensträuchern angelegt. Diese undurchdringlichen Befestigungsanlagen hielten sich bis zum Dreißigjährigen Krieg. *Carpinus betulus* eignen sich aufgrund ihrer hohen Regenerations- und Schnittverträglichkeit hervorragend zur Brennholzgewinnung, dazu wurden sie in den sogenannten Niederwäldern regelmäßig auf den Stock gesetzt. Daneben war ihr hartes Holz für allerlei Dinge, wie Webstühle, landwirtschaftliche Geräte und Zahnräder, begehrt. Heute gelten sie als klassisches Hecken- und Formschnittgehölz und man findet sie in vielen historischen Schlossgärten. Doch auch als Allee- und Straßenbaum machen Hainbuchen eine gute Figur, hier sollten für innerstädtische Standorte jedoch stadtklimageeignete Sorten zum Einsatz kommen.

Dürfen Hainbuchen als Hochstamm wachsen, kann man ihren typischen Drehwuchs unter der glatten, hellgrauen Rinde gut erkennen. Ein echter Hingucker ist die relativ spät einsetzende, leuchtend gelbe Herbstfärbung. Das braune Laub haftet lange am Baum und bietet noch im Winter einen guten Sichtschutz. Fällt es zu Boden, wird es schnell zu wertvollem Laubhumus zersetzt. Hainbuchen stellen keine besonderen Ansprüche an den Boden. Sie wachsen im sauren bis alkalischen Bereich, nur nährstoffhaltig sollte das Substrat sein. Hainbuchen tolerieren alle Standorte von sonnig bis schattig, und gerade die Schattenverträglichkeit ist eine wertvolle Eigenschaft in der Pflanzenverwendung.

An dieser Stelle sei auf zwei hervorragende Hainbuchen-Sorten mit schmalen, säulenförmigen Kronen hingewiesen: **'Lucas'** und **'Frans Fontaine'**. Während 'Lucas' bei einer Kronenbreite von nur 2 m verbleibt, wird 'Frans Fontaine' etwa 4 m breit. Beide erreichen eine Höhe von etwa 10 m und punkten mit ihrer schönen gleichmäßigen Wuchsform, dabei wirkt ihre Aststruktur im Winter besonders grafisch. Die Sorte 'Lucas' wurde Anfang des Jahrtausends in Belgien selektiert und hat im Gegensatz zu anderen Hainbuchen-Sorten auffallend grünes Laub. 'Frans Fontaine' ist schon seit 1983 auf dem Markt, wurde in Holland ausgelesen und bildet keine Früchte. Beide Sorten wachsen recht langsam.

Catalpa bignonioides 'Nana'

KUGEL-TROMPETENBAUM

LvE-Tipp

Weil der Baum sehr gleichmäßig wächst, sind keine Schnittmaßnahmen erforderlich.

Nicht umsonst heißt dieses Gehölz im englischsprachigen Raum „Designers Catalpa", denn **schon von Weitem erkennt man die architektonische und absolut symmetrische Krone des kugeligen Trompetenbaums**. Mit einer Höhe von 6 m bleibt die Sorte 'Nana' recht niedrig. Die dichte, später breitovale Krone ist durch die gleichmäßig angeordneten Blätter ein wunderbarer Schattenspender. Blüten und Früchte sucht man bei diesem ungewöhnlichen Baum vergeblich, lediglich eine hellgelbe Herbstfärbung ist zu beobachten. Die Gattung *Catalpa* stammt ursprünglich aus den Auen im südöstlichen Nordamerika. So bevorzugen diese Bäume sonnige bis halbschattige Lagen, mit frischen bis feuchten Standorten und hoher Luftfeuchtigkeit. In der Jugend freuen sich Trompetenbäume über einen leichten Frostschutz.

Crataegus monogyna

EINGRIFFELIGER WEISSDORN

Der Eingriffelige Weißdorn bietet rund 150 Insekten- und 30 Vogelarten eine Lebensgrundlage. Damit hat dieses heimische Gehölz eine wichtige ökologische Funktion. Zudem ist er mit seinem dichten, bedornten Astgeflecht ein Schutzraum für Vögel. Auch mythologisch wird ihm einiges nachgesagt, gilt er doch als Wohnung der Elfen und er soll vor Hexen schützen. *Crataegus monogyna* bildet im Alter eine runde, unregelmäßige Krone von bis zu 8 m Höhe. Ende Mai bis Anfang Juni erscheinen die weißen Blüten in Trugdolden, denen scharlachrote, kugelige Früchte folgen. Die Früchte stehen im hübschen Kontrast zur weinroten bis orangegelben Herbstfärbung. Diese Weißdorn-Art ist ein sehr anspruchsloses Gehölz. In sonnigen bis halbschattigen Lagen bevorzugt sie eher kalkreiche Böden mit hohem Nährstoffgehalt. Weißdorne können sehr alt werden und sind für Form- und Heckenschnitt bestens geeignet.

Fraxinus ornus

BLUMEN-ESCHE

Blumen-Eschen blühen im Mai, mit weißen, duftenden Rispen, die entfernt an Fliederblüten erinnern. Die gefiederten, dunkelgrünen Blätter erscheinen recht spät im Frühjahr und verfärben sich im Herbst goldgelb bis violett. Als ursprünglicher Bewohner des Mittelmeerraumes wachsen *Fraxinus ornus* recht gut auf trockenen Standorten und gelten als sehr gesund. Der Boden sollte durchlässig, kiesig oder sandig-lehmig, gerne auch alkalisch sein, Tonböden mögen sie jedoch nicht. Eine neuere Züchtung aus Ungarn, die Sorte 'Meczek', **wird auf einem Hochstamm veredelt angeboten und entwickelt eine sehr gleichmäßige, kugelige Krone**. Dabei erreicht der Baum eine Höhe von 6 m und eine Breite von etwa 4 m. Trotz der auffälligen Blüte wird bei dieser Sorte nur wenig Samen gebildet. *Fraxinus ornus* werden nur bei hohem Infektionsdruck vom Eschentriebsterben heimgesucht.

Ilex 'Nellie R. Stevens'

STECHPALME

Diese immergrüne amerikanische Sorte, eine Kreuzung aus Chinesischer und Gewöhnlicher Stechpalme, entwickelt sich zu kleinen Bäumen bis 8 m Höhe mit einer sehr gleichmäßigen, pyramidalen Krone. **Die dunkelolivgrünen Blätter stehen in schönem Kontrast zu den erbsengroßen, roten Steinfrüchten**, die sehr lange am Gehölz haften. Wegen ihres reichen und intensiv rot leuchtenden Fruchtansatzes wird diese *Ilex*-Sorte in Amerika sehr geschätzt. *Ilex* wachsen an sonnigen bis schattigen Standorten brauchen jedoch eine gleichmäßige Luft- und Bodenfeuchtigkeit. Die bevorzugten Böden sollten frisch bis feucht, humusreich und durchlässig sein. Im Gegensatz zu *Ilex aquifolium* kann die Sorte 'Nellie R. Stevens' auch etwas alkalische Substrate tolerieren.

LvE-Tipp

Pflanzen Sie dieses immergrüne Gehölz am besten geschützt vor Wintersonne und Ostwinden.

AHORN-BLÄTTER

IM DETAIL

◀ ACER JAPONICUM 'ACONITIFOLIUM'

Ahorn ist nicht gleich Ahorn: Die Gattung, mit ihren unzähligen Arten und Sorten, bietet vielseitige Verwendungsmöglichkeiten. Von 30 Meter hohen Parkbäumen bis zu ausdrucksstarken Schlitz-Ahornen, knapp einen Meter hoch, ist alles vertreten. *Acer japonicum* 'Aconitifolium' hat gelappte Blätter und eine rotorange Herbstfärbung.

▲ ACER NEGUNDO 'FLAMINGO'

Ahorn-Blatt-Vielfalt: Die Blattfarben variieren von panaschiert, hier *Acer negundo* 'Flamingo', über lichtgrün zu zartrosa oder dunkelrot. Fast alle Arten überzeugen durch ihre atemberaubende Herbstfärbung.

▼ ACER PALMATUM 'KATSURA'

Japanischer Ahorn – ein „Must have" nicht nur für die Liebhaber asiatischer Gärten. *Acer palmatum* 'Katsura' überzeugt durch hellgrüne Blätter, eine flammend orange Herbstfärbung und seine zierliche Erscheinung.

ACER DAVIDII ▶

Ob als Solitär am Wasser, Gehölzrand oder in Einzelstellung, Ahorne lassen sich vielfältig einsetzten. Auch etliche „Stadtbäume der Zukunft" sind bei der Gattung *Acer* zur finden. Aufgrund ihrer frühen Blüte gelten viele Arten zudem als hervorragende Bienenweide.

◀ ACER PALMATUM 'SEIRYU'

Manch einen packt die Sammelleidenschaft bei der Vielzahl der Sorten. *Acer palmatum* 'Seiryu', mit ungewöhnlicher gelb-orangeroter Blattfärbung im Herbst.

▲ ACER PALMATUM 'ORANGE DREAM'

Perfekt als Kübelpflanzen: Im Topf, etwas erhöht, kommt die außerordentliche Schönheit von *Acer-palmatum*-Solitären wunderbar zur Geltung. Bereits im Sommer färben sich die Blattspitzen von *Acer palmatum* 'Orange Dream' rötlich.

ACER RUBRUM 'BRANDYWINE' ▶

Acer rubrum spielt eine Hauptrolle im „Indian Summer" auf dem nordamerikanischen Kontinent. Die Sorte 'Brandywine' ist ein wunderbares Beispiel für die Schönheit herbstfärbender Ahorne.

◀ ACER PALMATUM 'SHISHIGASHIRA'

Ein kleiner „Japaner". *Acer palmatum* 'Shishigashira', ist ein Blickfang von apartem Wuchs, mit interessant gekräuselten Blättern und orangeroter Herbstfärbung.

LvE-Tipp

Ein Sommerschnitt ist empfehlenswert.

Koelreuteria paniculata

BLASENESCHE

Sie suchen einen kleinkronigen Baum der im Sommer blüht? Dann könnte eine Blasenesche Ihr Favorit sein. **Ihre gelben, 15–30 cm langen Rispen erscheinen im August** und sind aufgrund der späten Blüte äußerst bienen- und hummelfreundlich. Die Bäume mit dem schier unaussprechlichen botanischen Namen werden nur etwa 8 m hoch und entwickeln im Alter eine schirmförmige Krone. Ursprünglich kommen *Koelreuteria paniculata* aus Ostasien, sie sind recht anspruchslos und auf leichteren Böden ausreichend frosthart. Sie stehen gerne an sonnigen Standorten und gelten als hitzetolerant. Der deutsche Name Blasenesche leitet sich von den auffallenden, blasigen Kapselfrüchten ab, die in Massen – anfangs grasgrün, später braun und papierartig – im Baum hängen. Schön ist auch die gelb bis orangebraune Herbstfärbung.

Magnolia kobus

KOBUSHI-MAGNOLIE

Die Pflanzenfamilie der Magnolien ist eine der ältesten und bereits über 100 Millionen Jahre alt. Die strahlend weißen, etwa 10 cm großen, leicht duftenden Blütensterne der Kobushi-Magnolie erscheinen noch vor dem Laubaustrieb Anfang April. Deshalb ist ein frost- und windgeschützter Standort sehr zu empfehlen, denn ein einziger Spätfrost kann die gesamte Blüte ruinieren. Erst ab einem Alter von etwa 15 Jahren blühen Kobushi-Magnolien in vollem Umfang. Interessanterweise werden sie durch naschsüchtige Käfer bestäubt und ihre seltsam geformten, leuchtend roten Fruchtstände erscheinen im Herbst. Die kegelförmigen Kleinbäume erreichen eine Höhe von 10 m und favorisieren sonnige Standorte, tolerieren jedoch auch lichten Schatten. Sie wachsen auf allen frischen bis feuchten Böden, gern humos, von sauer bis schwach alkalisch. Magnolien vertragen keinen Schnitt. Werden sie zu breit, sollte man nur einzelne ältere Äste entfernen.

Malus

ZIERAPFEL

Zieräpfel, im Fachjargon auch als *Malus*-Hybriden bezeichnet, dürfen bei den Kleinbäumen nicht fehlen. Sie bereichern als prachtvolle, überreich blühende und fruchtende Gehölze unsere Gärten. Es gibt unzählige Varianten, an die 400 Sorten zählt man zurzeit weltweit. In Nordamerika, hier lautet ihr Name „Crabapple“, hat man sich intensiv mit der Züchtung gesunder schorfresistenter Sorten beschäftigt.

Der Habitus von Zieräpfeln variiert erheblich: Etliche Sorten entwickeln eine rundliche, etwas ausladende Krone und erreichen eine Höhe von 2–8 m; andere Selektionen wiederum wachsen schlank aufrecht, fast säulenförmig. Die Blütezeit beginnt im Mai und dauert 10–14 Tage. Dabei bilden sie weiße, rosa- oder pinkfarbene Blüten, von halbgefüllt bis einfach. Da die Knospen zunächst dunkler gefärbt sind als die geöffneten Blüten, entsteht ein interessanter zweifarbiger Effekt. Auch die Farbe der Laubblätter variiert von Sorte zu Sorte von Grün bis Rot, daneben gibt es auch einige herbstfärbenden Selektionen.

Vom Spätsommer bis weit in den Winter hinein haften die dekorativen kleinen Äpfelchen an den Zweigen und bieten, neben einem hohen Zierwert, auch im Winter eine gute Nahrungsquelle. Die Früchte sind gelb, orange oder rot, großfruchtige Typen lassen sich sogar zu Marmelade verarbeiten.

Alle *Malus*-Hybriden bevozugen sonnige Standorte oder lichten Schatten und gelten als hitze- und windempfindlich, denn zugige sowie heiße Standorte beeinträchtigen die wundervolle Blüte. Ihre Bodenansprüche liegen von mäßig trocken bis feucht, im schwach sauren bis alkalischen Bereich, gerne auf leichten bis mittelschweren Böden. **Zu empfehlende gesunde Sorten sind:** ‘Butterball’, ‘Evereste’®, ‘John Downie’, ‘Professor Sprenger’, ‘Red Jade’, ‘Red Sentinel’, ‘Royalty’, ‘Street Parade’.

Die Gattung *Malus* bietet, neben den Zieräpfeln, auch interessante Straßenbäume. *Malus tschonoskii*, der Woll-Apfel, bekam im Straßenbaumtest der GALK (siehe Seite 10) die Bewertung „geeignet“. Leider ist dieser schöne Apfel bislang noch relativ unbekannt und wird recht selten eingesetzt. Der Baum mit der schmalen Krone und den nach oben strebenden Ästen, erreichet eine Höhe von etwa 8 m. Dabei überrascht er mit einer unglaublichen Herbstfärbung, ist schorfresistent und bietet ganz nebenbei mit seinen duftenden Blüten eine gute Nahrungsquelle für Insekten. Den deutschen Namen verdankt er seinem weißfilzigen Austrieb im Frühjahr.

Prunus padus 'Tiefurt'

TRAUBEN-KIRSCHE

Die Trauben-Kirsche ist in Europa heimisch und weitverbreitet. Die Sorte 'Tiefurt' bildet eine gleichmäßig geschlossene Krone und bleibt mit 10 m Höhe etwas kleiner als die Art. **Die auffallenden, nach Bittermandel duftenden Blüten erscheinen zur Zeit des Laubaustriebs** von April bis Mai. Mit den zahlreichen weißen, überhängenden Blütentrauben gleicht der Baum einer einzigen Blütenwolke. Früchte werden von dieser Sorte nicht zuverlässig gebildet. Es handelt es sich um erbsengroße, schwarze Kirschen mit einem bittersüßen Geschmack, doch Vögel lieben sie. Trauben-Kirschen mögen kühle Standorte in sonnigen bis halbschattigen Lagen. Sie gelten als wenig kalkverträglich und bevorzugen tiefgründige, humose, nährstoffreiche Böden.

LvE-Tipp

Die Sorte *P. salicifolia* 'Pendula' wächst im Vergleich zur Art noch überhängender.

Pyrus salicifolia

WEIDENBLÄTTRIGE BIRNE

Mit ihrer malerischen Wuchsform überzeugt die Weidenblättrige Birne den Betrachter. Das Gehölz mit der locker aufgebauten Krone wird bis zu 7 m hoch und entwickelt zunächst aufrechte Äste, später hängen die Spitzen und dünnere Zweige bogenförmig bis schleppenartig über. Fast mediterran wirken der silbrig-weiße Austrieb und das lang haftende, graugrünfilzige, schmale Blatt, welches an Weiden oder Oliven erinnert. Mit dem Laubaustrieb erscheinen die weißen Blütentrauben, denen unauffällige kleine Birnen folgen. Das natürliche Habitat von *Pyrus salicifolia* ist die lichte südrussische Waldsteppe. Sie bevorzugen sozusagen von Haus aus sonnige Standorte, sind windfest und hitzeliebend. *P. salicifolia* entwickeln sich gut auf leichten, nährstoffreichen Böden, die eher alkalisch sein sollten. Auf schweren Böden sind sie nicht besonders frohwüchsig.

Quercus palustris 'Green Dwarf'

SUMPF-EICHE

Diese kleinkronige Form der Sumpf-Eiche ist eine Selektion aus den USA, wo *Quercus palustris* natürlich in Flusstälern vorkommt. **Die Sorte 'Green Dwarf' wird meist als Hochstamm veredelt** und entwickelt eine dichte, reich verzweigte, fast kugelförmige Krone mit einer geringen Breite von 1,50 m. Die endgültige Wuchshöhe ist abhängig von der Höhe der Veredlungsstelle. Ihre glänzenden, dunkelgrünen Blätter färben sich im Herbst intensiv rot bis gelb und leuchten weithin sichtbar. Wie die Art steht sie gerne auf mäßig trockenen bis feuchten Böden, ganz im Gegensatz zu ihrem deutschen Namen „Sumpf-Eiche". Der pH-Wert sollte sich im Bereich sauer bis schwach alkalisch bewegen, auf Substrate mit hohem Kalkgehalt reagiert sie chlorotisch. Die klein bleibende Eichen-Sorte ist gut geeignet für Standorte mit wenig Platz.

LvE-Tipp

Die Hänge-Ulme bildet im Alter ein tolles „Kinder-Versteck"!

Ulmus glabra 'Pendula'

HÄNGE-ULME

Die Hänge-Ulme, auch Schirm-Ulme genannt, entwickelt sich zu malerischen Kleinbäumen mit einer flachen, fast dachartigen Krone aus waagerechten, dicht verzweigten Ästen und bogig überhängenden Triebspitzen. **Abhängig von der Veredlungshöhe werden die Bäume 3–5 m hoch** und etwa doppelt so breit, wachsen jedoch sehr langsam. Das sommergrüne Blatt weist den für die Ulmen so typischen stark asymmetrischen Blattgrund auf. Den unscheinbaren Blütenbüscheln folgen bereits sehr früh im Jahr die typischen runden, gelbbraunen, geflügelten Nüsschen, die mit dem Wind verbreitet werden. Berg-Ulmen (*Ulmus glabra*), zu denen auch diese Veredlung gehört, gelten als recht trockenheitsresistent und frosthart. Sie bevorzugen frische bis feuchte, tiefgründige und nährstoffreiche Substrate mit einem Boden-pH-Wert von schwach sauer bis leicht alkalisch.

OBSTBÄUME | VON APFEL BIS WALNUSS

Für viele Menschen ist es ein Traum, knackige Äpfel oder saftige Pflaumen direkt vom Baum zu ernten. Schrebergärten sind en vogue und für zentrumsnahe Parzellen existieren lange Wartelisten. Auch die urbane Gartenbewegung will die Natur für Städter wieder erfahrbar machen. Der Begriff „Urban Gardening" steht für das Gärtnern auf Brachen, Dächern und Balkonen. Hier wird Gemüse gezüchtet, Obst angebaut und es werden sogar Bienen gehalten. Ein Trend, der sich in der starken Nachfrage nach Obstbäumen aller Art widerspiegelt.

Von klein bis groß

Ob Apfel, Birne oder Kirsche – alle Obstsorten werden auf Unterlagen mit oft kryptischen Namen wie M9 oder M111 veredelt, im gärtnerischen Fachjargon wird dies auch „Okulation" genannt. Nur durch eine Veredlung erhält man Obstbäume mit sortenechten Merkmalen. Die Unterlagen haben bestimmte Wuchseigenschaften oder Bodenvorlieben, die beachtet werden müssen. Interessanterweise bestimmt die Veredlungsunterlage Wuchsgröße und Ertragszeitpunkt des Obstbaumes. So werden Birnensorten beispielsweise auf Quittenunterlagen veredelt, um ihre Wuchsfreudigkeit zu reduzieren.

Apfel nach Apfel funktioniert nicht

So lautet eine alte Gärtnerweisheit. Das bedeutet: Es sind Wuchsdepressionen zu erwarten, wenn man an dieselbe Stelle, an der ein Apfelbaum gestanden hat, wieder einen Apfel pflanzt. Warum diese sogenannte „Bodenmüdigkeit" bei der Familie der Rosengewächse (Rosaceae) auftritt, ist wissenschaftlich nicht eindeutig geklärt, wahrscheinlich handelt es sich um eine Vielzahl von Faktoren. Viele Obstbäume gehören jedoch zu den Rosaceae. Will man also an derselben Stelle einen neuen Obstbaum pflanzen, muss man zuvor einen Bodenaustausch vornehmen oder besser einen jungfräulichen Standort suchen.

Bei einem „Busch" wird die jeweilige Sorte, das Edelreis, auf eine schwachwüchsige Unterlage veredelt. Es entwickelt sich ein kleiner Baum von 4 m Höhe mit einem Kronenansatz bei 40–60 cm, der sehr früh fruchtet. Außerdem sind Ernte und Schnitt deutlich leichter zu bewerkstelligen als bei großen Bäumen. Noch kleiner bleibt die Spindel mit maximal 3 m Höhe, die so schwach wächst, dass sie zur Stabilisierung ihrer Veredlungsstelle dauerhaft einen Pfahl als Stütze benötigt.

Eine Alternative sind starkwüchsige Hochstämme. Ihre Krone beginnt in 1,80–2,20 m Höhe und wird zwar 5–6 m breit, doch der Raum unter ihren Kronen lässt sich optimal nutzen. Obstbaum-Hochstämme eignen sich bestens als Schattenspender oder Hausbaum und nichts ist schöner als eine Kaffeetafel unter einem alten blühenden Obstbaum aufzubauen. Auch für Streuobstwiesen sind Hochstämme bestens geeignet, denn mit ihrem arttypischen Habitus prägen sie in vielen Teilen Deutschlands das Landschaftsbild. Ihr einziges Manko: Der volle Obstertrag setzt meist erst nach 8–10 Jahren ein.

Halbstämme liegen irgendwo dazwischen. Ihre Krone wird in der Regel genauso breit wie bei einem Hochstamm, jedoch beginnen die Äste bereits in einer Höhe von 1,20–1,40 m an. Das erleichtert die Ernte, setzt jedoch einen geräumigen Garten voraus. Halbstämme sind, ab einem gewissen Alter, auch wunderbare Kletterbäume für Kinder – vielleicht eine Alternative zum Klettergerüst?

> **Obstbäume in XXL**
>
> Viele Gartenbesitzer möchten ihren Obstbaum pflanzen und sofort Früchte ernten. Doch bei allen Obstsorten, die auf einen Hochstamm veredelt wurden, muss man relativ lange auf den vollen Ertrag warten, denn die Bäume beginnen erst mit 8–10 Jahren üppig zu blühen.
> Ein Tipp: Pflanzen Sie Solitär-Obstbäume oder vorgezogene Spaliere. So lässt sich die Wartezeit umgehen und es ist möglich, noch im Jahr der Pflanzung zu ernten.

Dabei gilt: Je schwächer die Unterlage wächst, desto eher trägt der Baum und umso geringer ist seine Lebenserwartung. So werden Spindelbüsche mit Ihren extrem langsam wachsenden Unterlagen bereits nach 25 Jahren in den Plantagen ausgetauscht, während ein Birnen-Hochstamm an die 200 Jahre alt werden kann.

Platzprobleme? Auch in kleinen Gärten muss man nicht auf Obstgehölze verzichten. Gerade Äpfel und Birnen bekommt man als vorgezogene Spaliere oder Spindelbäume. So lässt sich mit einem lebenden Zaun eine fruchtende Abgrenzung zum Nachbarn setzen oder es findet sich eine Hauswand für ein Spalier. Gerade für die etwas kälteempfindlichen Südländer wie Aprikosen und Pfirsich ist eine wärmespeichernde Mauer optimal und auch Birnen schätzen ein warmes Plätzchen.

Der Obstbaumschnitt ist eine Wissenschaft für sich und würde an dieser Stelle den Rahmen sprengen. Hier sei auf weiterführende Literatur oder praktische Kurse verwiesen.

Der Trend zu Urban Gardening und Obst aus dem eigenen Garten hält an. Auch Nutzgärten können attraktiv gestaltet sein und malerische Obstbäume sind wertvolle Bienenfreunde und Fruchtlieferanten in einem.

Corylus avellana

GEWÖHNLICHE HASELNUSS

Die Haselnuss gilt als echter Klassiker unter den Obstgehölzen. **Bereits seit dem Mesolithikum nutzen Menschen die fetthaltigen Nüsse als wichtige Energielieferanten** und heute noch werden sie für Nougat, Süßspeisen und einen berühmten Brotaufstrich verwendet. Während in Deutschland die großfrüchtigen Sorten von *Corylus avellana* genutzt werden, stehen in den wichtigen Anbauregionen Türkei und Italien Selektionen von *Corylus maxima*, der Lambertsnuss oder Großen Hasel. Dabei stammen etwa 64 % der weltweit produzierten Haselnüsse, das entspricht im jährlichen Durchschnitt 750 000 t, aus der Türkei. Die geraden Triebe des wärmeliebenden, vielstämmigen Großstrauchs wurden in der Vergangenheit häufig als Bau- und Brennholz genutzt und die regenerationsfähigen Sträucher immer wieder auf den Stock gesetzt. Gewöhnliche Haselnüsse wachsen noch im Halbschatten und benötigen schwach saure bis kalkhaltige Böden. Bereits vor dem Laubaustrieb, meistens schon im Februar, erscheinen die hellgelben männlichen Blütenkätzchen.

LvE-Tipp

Haselnüsse gelten aufgrund der frühen Blüte als Symbol für Neubeginn, Fruchtbarkeit und Glück.

Cydonia oblonga

ECHTE QUITTE

Allein schon der Duft der leuchtend gelben Früchte ist verführerisch. Bislang sind Quitten jedoch eher seltene Gäste in unseren Breiten, dabei sind die zierlichen Bäume ein absoluter Hingucker im Garten. Ursprünglich stammen sie aus der Kaukasusregion. Von dort verbreiteten sie sich über ganz Europa und die größten Anbaugebiete liegen heute in der Türkei. Ihre dekorativen, weiß bis rosa überhauchten, recht großen Blüten erscheinen ab April und sitzen aufrecht auf den Ästen mit den graufilzigen Blättern. Die gelben Früchte, sehr aroma- und vitaminreich, zieren den Baum ab Oktober. Die Sorten, die in unseren Breiten angebaut werden können, lassen sich im Gegensatz zu Äpfeln und Birnen nicht roh verzehren. Quitten entwickeln sich, vorausgesetzt es handelt sich nicht um eine üppig wachsende Unterlage, zu kleinen Bäumen von 6 m Höhe. Sie bevorzugen saure bis neutrale, sandige bis mittelschwere, durchlässige Böden; vorübergehende Trockenheit wird gut vertragen. Quitten sind sonnenhungrig und mögen einen warmen, etwas geschützten Standort.

Juglans regia

ECHTE WALNUSS

Walnüsse haben es in sich – das hat auch die amerikanische Gesundheitsbehörde erkannt und den gesundheitlichen Nutzen von Walnüssen offiziell bestätigt. Doch alles braucht seine Zeit. So beginnen Walnuss-Sämlinge erst ab einem Alter von 10–20 Jahren zu fruchten und die Bäume benötigen 30 Jahre, bis sie einen guten Ertrag liefern.

Ursprünglich kommt *Juglans regia* aus Syrien, wurde jedoch wegen ihrer Früchte bereits in der Antike in Mitteleuropa eingebürgert. Zunächst waren die Nüsse klein, nur 2 cm groß, und recht bald begann die Selektion auf großfrüchtige und frostharte Sorten. Heute sind Walnüsse weitverbreitet und die großen Anbaugebiete liegen in Kalifornien, China, der Türkei und Mexiko.

Echte Walnüsse entwickeln sich zu großen Bäumen mit majestätischen Kronen. Sie eignen sich nicht für Standorte mit eingeschränktem Platzangebot, benötigt ein ausgewachsener Walnussbaum doch an die 100 m^2 und kann eine Höhe von 25 m erreichen. Sämlinge wachsen aufgrund ihrer Herkunft, gern im Weinbauklima, sind hitzeverträglich und bedingt frosthart, was sich hauptsächlich in ihrer Empfindlichkeit gegenüber Spätfrösten äußert. Sie bevorzugen mäßig trockene bis feuchte Substrate, die nährstoffreich, durchlässig und schwach sauer bis stark alkalisch sein können. *J. regia* beginnen bereits früh im Jahr einen hohen Saftdruck für den Austrieb zu erzeugen. Schneidet man einen Baum zu dieser Zeit, blutet er sehr stark, daher ist ein Schnitt nach dem Austrieb ratsam.

Gegenüber der Art zeichnen sich die über 100 Walnuss-Sorten durch einen frühen Ertrag, einen kompakten Wuchs und große Früchte aus. Außerdem sind sie selbstfruchtbar. Je nach Sorte setzt der Ertrag bereits ab dem 3. Standjahr ein und die einzelnen Selektionen unterscheiden sich beim Austrieb und der Reifezeit. Spät austreibende Sorten können durchaus in Höhenlagen oder an Standorte mit kühlem Klima gepflanzt werden.

Man sagt, dass Walnussbäume Fliegen und Mücken vertreiben. Daher wurden sie früher häufig in ländlichen Gegenden als Hausbäume gepflanzt. Interessant ist auch ein anderes Phänomen: Aus Blättern und Walnussschalen wird im Boden Juglon freigesetzt. Dieser Stoff unterbindet die Keimung von Samen und der Baum hält sich lästige Mitbewerber um Wasser und Nährstoffe buchstäblich vom Stamm.

Malus domestica

KULTUR-APFEL

„An apple a day keeps the doctor away", diese Redensart kommt nicht von ungefähr, gilt doch der Apfel als äußerst gesund mit seinem hohen Gehalt an Vitaminen und Mineralstoffen. Der Siegeszug des Apfels begann vor langer Zeit. Ursprünglich kommt die heutige Kulturform des Apfels aus Zentralasien. Dort wurden Äpfel bereits 10 000 v. Chr. angebaut und nicht umsonst heißt die Hauptstadt Kasachstans „Stadt des Apfels" – Almaty. Über die klassischen Handelsstraßen gelangte der Apfel zunächst nach Südeuropa und überzeugte hier durch seinen süßen Geschmack. Die alten Griechen bezeichneten ihn als Aphrodisiakum und mit den Feldzügen der Römer eroberte der Apfel die nördlichen Gefilde. Schnell erkannten auch die Kelten und Germanen, welche paradiesische Frucht ihnen hier geschenkt wurde.

Mittlerweile hat der Apfel es auf Rang vier der weltweiten Obstproduktion gebracht und ist **mit 25 kg pro Kopf und Jahr das liebste Obst der Deutschen**, noch vor der Banane. Allein in Deutschland existieren ungefähr 1500 Apfelsorten, von denen rund 400 im Handel erhältlich sind. Das macht die Auswahl nicht unbedingt einfach. Unterscheiden sich die Apfelsorten doch in ihren Ansprüchen an Boden und Klima sowie im Geschmack. Dabei eignen sich nicht alle Sorten für jedes Klima und gerade die bekannten Sorten aus dem Erwerbsanbau benötigen gute, warme Lagen. Weitere wichtige Kriterien bei der Wahl einer Apfelsorte sind: Erntezeitpunkt, Genussreife und Lagerfähigkeit. Frühe Sorten sind bereits ab Anfang August genussreif, wobei sich nicht jeder Apfel gleich gut lagern lässt und einige Sorten sofort verarbeitet werden müssen.

Alte oder neue Sorte?

Es existieren viele alte sowie robuste regionale Sorten. Daneben stehen die neuen Züchtungen, die gezielt auf hohe Widerstandsfähigkeit gegenüber Pilzkrankheiten, gleichmäßigen Ertrag und feinen ausgewogenen Geschmack selektiert wurden. Die Wahl ist schwer und durchaus individuell. Es empfiehlt sich, an Apfelverkostungen teilzunehmen und seine Favoriten bezüglich Geschmack, Lagerfähigkeit und Mikroklima zu finden. Doch vor jeder Ernte steht die Befruchtung. Apfelsorten sind nicht selbstfruchtbar, daher sollte man bei Apfelbäumen auf Blühzeitpunkt und pollenspendende Sorten in Bienenflugweite achten. Als Pollenspender eigenen sich übrigens auch Zieräpfel ziemlich gut. Apfelbäume mögen nährstoffreiche Standorte mit nicht zu sauren, mittelschweren, lehmhaltigen Böden. Durch die entsprechende Veredlungsunterlage lässt sich an dieser Stelle regulierend eingreifen, denn es gibt auch Unterlagen, die sich für Sandböden eignen. Grundsätzlich bevorzugen *Malus* eine hohe Luftfeuchtigkeit – nicht umsonst liegen alle bedeutenden Anbaugebiete in der Nähe großer Wasserflächen. Spätfröste stellen ein großes Problem dar, denn sie können in einer einzigen Nacht die gesamte Blüte ruinieren. Es empfiehlt sich, in ungünstigen Lagen auf regionale Sorten oder Neuzüchtungen zurückzugreifen.

Mespilus germanica

ECHTE MISPEL

Seit über 3000 Jahren werden Echte Mispeln kultiviert und ihre Früchte verwendet. Anders als ihr wissenschaftlicher Artname vermuten lässt, sind die anspruchslosen Gehölze hier nicht heimisch, sondern stammen aus Westasien. Früher standen die etwa 5 m hohen Bäume mit der schirmförmigen Krone in vielen Gärten. Ihre großen, weißen Einzelblüten erscheinen recht spät, erst Ende Mai, und sind nicht mehr spätfrostgefährdet. Die breitrunden, apfelförmigen Früchte mit den lustigen Spitzen werden erst nach Frosteinwirkung weich und genießbar. Auch das große, dunkelgrüne Blatt mit der weißfilzigen Blattunterseite ist sehr attraktiv, besonders im Herbst, wenn sich das Laub in gelbe bis orangebraune Töne verfärbt. Die Echte Mispel liebt warme, sonnige bis halbschattige Lagen, ist äußerst hitzeverträglich und kann auch längere Trockenzeiten gut überstehen. Idealerweise ist der Boden durchlässig und lehmig im schwach sauren bis stark alkalischen Bereich.

Morus

MAULBEERE

Maulbeeren gelten aufgrund ihrer Inhaltsstoffe als „Superbeeren", doch sind sie heutzutage als Obst eher unbekannt. Das war in der Vergangenheit anders, denn die Sammelsteinfrüchte, die an längliche Brombeeren erinnern, galten in der Antike als geschätzte Frucht. In Europa finden sich hauptsächlich drei Arten: *Morus alba*, *M. nigra* und *M. rubra* – Weißer, Schwarzer und Roter Maulbeerbaum. Die Früchte sind süß, saftig und reifen nach und nach, wobei schwarze und rote Maulbeeren intensiver schmecken als die weißen. Aufgrund der geringen Lagerfähigkeit werden Maulbeeren heute oft als Trockenfrüchte angeboten. Die Bäume erreichen eine Höhe von 6–10 m mit einer kompakten Krone. Der ideale Boden ist tiefgründig, nährstoffhaltig und alkalisch an sonnigen, warmen und windgeschützten Standorten. *M. alba* gilt als die frosthärteste der drei Maulbeerbaum-Arten und nur die Blätter der Weißen Maulbeerbäume dienen den Raupen des Seidenspinners als Futter. So ermutigte Friedrich der Große um 1750 die Deutschen zum Einstieg in die Seidenproduktion. Aus dieser Zeit finden sich noch einzelne Baumdenkmäler von *M. alba* in Parks und Gärten.

Prunus avium und P. cerasus

SÜSS- UND SAUER-KIRSCHEN

Beide Kirschen sind eng miteinander verwandt, gehören aber zu unterschiedlichen Arten. **Sie unterscheiden sich hauptsächlich im Geschmack und in den Ansprüchen an Standort und Klima.** *Prunus avium*, die Süß-Kirsche, stammt ursprünglich von der im Kaukasus wild vorkommenden Vogel-Kirsche ab. Bei den über 500 Sorten werden zwei Typen unterschieden – hartfleischige Knorpelkirschen (Knupperkirschen) und weichfleischige Herzkirschen. Süßkirschen, auf Sämlingsunterlagen veredelt, gehören zu den stark wachsenden Obstbäumen und können 15–30 m hoch werden. Es existieren auch Unterlagen, die die Baumgröße reduzieren. Sauer-Kirschen, *Prunus cerasus*, sind robuster als ihre süßen Verwandten und ihr Anbaugebiet reicht bis nach Finnland. Außerdem werden die Bäume nicht ganz so groß, nur etwa 10 m hoch, und die Früchte enthalten deutlich mehr Fruchtsäure.

LvE-Tipp

Süß-Kirschen sollten nur im Sommer geschnitten werden, so können die Schnittwunden besser heilen und der Baum fruchtet besser.

Prunus domestica

KULTUR-PFLAUME

Genau kann man es nicht sagen, aber wahrscheinlich handelt es sich bei der heutigen Kultur-Pflaume um eine Zufallskreuzung aus Myrobalane und Schlehe (*Prunus cerasifera* × *P. spinosa*). Die Frucht wird schon bei den Römern erwähnt. **Pflaumenbäume wachsen eher sparrig und entwickeln eine breit ausladende Krone von 6–10 m Höhe.** Die Blüte beginnt bereits vor dem Laubaustrieb im April und ist daher etwas spätfrostgefährdet. Viele Pflaumensorten sind selbstfruchtend. Bei den blauvioletten bis roten Steinfrüchten unterscheidet man zwischen Pflaume und Zwetsche. Pflaumen erkennt man an der rundlichen Form. Sie haben keine ausgeprägte Bauchnaht und ein saftiges Fruchtfleisch, jedoch lässt sich der Stein etwas schlechter lösen als bei den eher länglichen Zwetschen. Pflaumen stehen gerne sonnig und warm auf mittelschweren, humosen Böden.

LvE-Tipp

Es sind inzwischen zahlreiche krankheitsresistente Sorten im Handel.

Pyrus communis

KULTUR-BIRNE

Unsere Kultur-Birne, *Pyrus communis*, vermutlich eine Kreuzung aus Holz- und Schnee-Birne (*P. pyraster × P. nivalis*) mit weiteren Einkreuzungen, soll bereits vor 3000 Jahren in Griechenland angebaut worden sein und hat sich bereits im Mittelalter über ganz Europa verbreitet. Heute sind allein für Deutschland an die 260 Sorten gelistet. Daneben existieren zahlreiche weitere *Pyrus*-Arten, die nicht für den Obstanbau genutzt werden. **Birnensorten werden heute meistens auf Quitten veredelt**, da sie die Wuchsfreudigkeit der Birnen reduzieren und das Aroma der Früchte steigern. Je nach Unterlage, Schnitt und Sorte können die Bäume eine Höhe zwischen 3 und 20 m erreichen und als Hochstämme durchaus 200 Jahre alt werden. Die steil aufrecht wachsende Krone mit dem durchgehenden Leittrieb erinnert von der Form her immer an eine Birne. In der freien Landschaft, auf Streuobstwiesen, gut zu erkennen. Die Bäume lieben trocken-warmes Klima in sonnigen Lagen. Sie bevorzugen nährstoffreiche, tiefgründige, trockene bis frische Böden ohne Staunässe im schwach sauren bis alkalischen Bereich. Birne auf Quitte veredelt mag es nicht ganz so kalkhaltig.

LvE-Tipp

Es gibt auch interessante Selektionen mit dunkelroten, geschlitzten Blättern und rosafarbenen Blüten.

Sambucus nigra

SCHWARZER HOLUNDER

Wer ein anspruchsloses Obstgehölz sucht, dem auch noch eine positive Wirkung gegen Feuer und Hexen nachgesagt wird, ist mit einem Holunder gut beraten. Schwarzer Holunder, auch Fliederbeere oder Holler genannt, war schon immer in der Nähe von menschlichen Siedlungen anzutreffen. Die Großsträucher oder kleinen Bäume erreichen eine Höhe von bis zu 8 m und haben im Alter bogig übergeneigte Zweige. Die auffälligen Blüten – **weiße, doldenartige Schirmrispen** – erscheinen von Juni bis Juli und haben einen unverwechselbaren, intensiven Duft. Ab Anfang September sind die schwarzen Beeren zu finden, die im phänologischen Kalender den Herbstanfang markieren. Blüten, Beeren und Rinde finden sowohl in der Volksmedizin und Pflanzenheilkunde als auch in der Küche Verwendung. Holunderbüsche sind robuste und anspruchslose Gehölze, die mittelschwere, stickstoffreiche und frische, schwach saure bis kalkhaltige Lehmböden bevorzugen.

2 GEHÖLZE ALLE

FÜR SINNE

Als „Sinn", so besagt die Definition, wird die „physiologische Wahrnehmung der Umwelt" bezeichnet. Dabei werden beim Menschen klassisch fünf Sinne unterschieden. Und genau darum geht es in diesem Kapitel. Was haben Gehölze unseren Sinnen zu bieten? Welche Pflanzen punkten mit ihrer außergewöhnlichen Borke oder wer hat die wunderlichsten Früchte? Wenn wir unsere Wahrnehmung schärfen, lassen sich bei Pflanzen zahlreiche Details, sei es eine traumhafte Blüte, ein unvergessliches Geruchserlebnis oder der einmalige Geschmack einer Wildfrucht entdecken. So kann eine geschickte Bepflanzung mit Gehölzen und Stauden im Jahresverlauf zahlreiche sinnliche Erfahrungen bereiten: ein Blütenspektakel im Frühjahr, „Indian Summer" im Herbst oder illuminierte Rindenschönheiten im Winter. Mit fachlichem Know-how lassen sich Oasen schaffen, die den Betrachter stets aufs Neue begeistern. Denn: Grün macht vergnügt.

BLÜTE | SCHÖNHEIT, DUFT UND BIENENWEIDE

Geht es Ihnen auch so? Der Sommer beginnt, wenn man den intensiven Duft der Linden wahrnimmt oder staunend vor blühenden Rosen steht. Sicherlich lässt sich diese Aussage nicht verallgemeinern – manch einer mag keine Linden und jeder Mensch hat eine ganz individuelle Wahrnehmung von Schönheit. Aber unbestritten ist der positive Einfluss von „schönen Dingen“ auf unser Gemüt, unsere Stimmungslage und unser Wohlbefinden.

Schönheit und Vergänglichkeit

Schon bei den Römern wird die schöne Göttin der Morgenröte, Aurora, mit Blumen und Blüten in Verbindung gebracht. Blüten stehen seit der Antike gleichermaßen als Sinnbild für die Lichtstrahlen des neuen Tages, wie auch für die Vergänglichkeit von Schönheit und Leben. Und so ist es nicht nur in der Mythologie: Forscher haben herausgefunden, dass bei den Rosen die Gene für Duft und Blütenhaltbarkeit gekoppelt sind. Daher ist eine Rosenblüte, die wunderbar duftet, leider nur wenige Tage haltbar – ein Dilemma für jeden Rosenzüchter.

Sinn und Zweck von Blüten

Botanisch gesehen haben sich die Fortpflanzungsorgane im Lauf der Evolution sehr unterschiedlich entwickelt. Für die Samenpflanzen gilt folgender Aufbau: Blüten bilden sich aus einem nicht verzweigten Teil der Sprossachse mit reduziertem Längenwachstum. Die Blätter haben sich zu Schutz- oder Anlockungsorganen (Blütenhülle) oder zu Fortpflanzungsorganen (Staub- und Fruchtblätter) umgeformt und unterscheiden sich deutlich vom übrigen Laub. Dieser Grundbauplan wird im Pflanzenreich überaus vielfältig interpretiert und keine Blüte gleicht der anderen. So sind beispielsweise die Kronblätter und ihre Ausbildung, die Anzahl und Anordnung der Staubblätter oder die Ausprägung des Fruchtknotens ein wichtiges Merkmal bei der Bestimmung von Pflanzen.

Die Verlängerung der Blühdauer

Ist eine Blüte bestäubt und der Fruchtknoten befruchtet leitet die Pflanze unverzüglich die Samenbildung ein und die Blüte beginnt zu welken. Unterbricht man den Prozess der Samenbildung, indem man verwelkte Blüten ausbricht, werden etliche Pflanzen wieder angeregt, neue Blüten zu bilden. Dadurch lässt sich die Blühdauer bei Stauden deutlich verlängern oder eine zweite Blüte induzieren.

Visuell auffällige Blüten und intensive Düfte dienen einzig und allein dazu, Tiere, meistens Insekten, anzulocken und damit die Fortpflanzung zu sichern. Für eine erfolgreiche Befruchtung muss der Pollen aus den Staubgefäßen auf die weiblichen Fruchtblätter, den Fruchtknoten, gelangen. Dabei gilt: Je mehr Insekten angelockt werden, umso erfolgreicher ist die Befruchtung. Nur aus diesem Grund stecken Pflanzen viel Energie in auffällige Blüten, sie bieten Nektar und Pollen als Belohnung für die Bestäubung.

Die Kombination macht's

In der Natur ist Grün die vorherrschende Farbe. Zwar gibt es auch im grünen Bereich vielfältige Spielarten und Grün ist nicht gleich Grün, doch auf Dauer können monochrom grüne Gärten auch monoton wirken. Alle anderen Farben werden von

Jedes Jahr sehnsuchtsvoll erwartet: So gilt die Blüte von *Castanea sativa* als „insektenfreundlich“ und bietet Pollen und Nektar für Bienen, Hummeln & Co.

den Pflanzen zum überwiegenden Teil in den Blütenblättern gebildet – so bringen erst die Blüten Farbe und Abwechslung in den Garten.

Mit auffälligen Blütengehölzen lassen sich wunderbare Arrangements und ganz individuelle Kombinationen in den Gärten kreieren. Stauden können blühende Sträucher ergänzen und ihre Wirkung steigern oder alternativ die Blütezeit verlängern. Der Kreativität sind kaum Grenzen gesetzt: Ob Ton in Ton, monochrom oder bunt gemischte Blütenrabatten – alles ist machbar. Die Vielzahl der Möglichkeiten macht eine Reduktion auf das Wesentliche dabei oft nicht einfach. Daher sollte man sich in der Planungsphase sehr genau überlegen welche Gehölze an diesem Standort funktionieren, wie viel Zeit man in die Pflege investieren kann und welche Ideen letztendlich umgesetzt werden sollen.

Eine Kombination von blütenreichen Gehölzen und Stauden schafft grüne Kunstwerke, die garantiert jedes Jahr anders erscheinen. Wachstum, Witterungsverlauf und manchmal auch gefräßige Individuen entscheiden, ob eine Idee glückt oder ob nachgebessert werden sollte. Eine Garantie gibt es im Garten nicht, nur einen beständigen Wandel. Beobachten und Lernen heißt die Devise – doch das macht das Gärtnern so spannend und Erfolge umso wertvoller.

Werden Sie Bienenretter!

Mit einer geschickten Pflanzenauswahl wäre eine ganzjährige Blüte möglich, doch leider sieht die Realität ganz anders aus. Die pflegeextensiven Grünflächen unserer Städte und Gärten bieten vielen Insekten nicht mehr genügend Nahrung. Nahrungsengpässe sind das zeitige Frühjahr, der späte Sommer und auch der Herbst. Honigbienen, Hummeln und alle anderen Insekten brauchen jedoch über 9 Monate ein vielfältiges Blühangebot, damit sie gut durch den Winter kommen und jedes Jahr neu ihre fleißige Bestäubungsarbeit aufnehmen können. Hier ist jeder gefragt, den Insekten mehr Nahrungsquellen anzubieten, getreu dem Motto: Artenreichtum gegen Nahrungsengpässe.

VERWENDUNG

Die „Sinnlichkeit der Pflanzen" hilft uns, Stress abzubauen und schafft einen Kontrapunkt zu den Reizen der Hightech-Welt. Nicht umsonst zeigen bereits 5 Minuten Gärtnern eine positive Wirkung auf die Psyche. Die Stimmung hellt sich auf und das Selbstwertgefühl steigt.

Unser virtuelles Leben mit seiner Naturentfremdung führt zu einer Art Retro-Trend: Die wiederentdeckte Lust an der Natur. Blühende Gehölze, die unsere Sinne erfreuen, spielen hierbei eine wichtige Rolle.

Catalpa bignonioides

GEWÖHNLICHER TROMPETENBAUM

Mitten im Sommer, von Ende Juni bis Anfang Juli, überrascht uns dieser mittelgroße, breit ausladende Baum mit seiner eindrucksvollen Blütenpracht. **Die aufrechten, bis zu 20 cm langen Blütenrispen bestehen aus unzähligen weißen Einzelblüten.** Bei genauer Betrachtung sind sie mit purpurnen Basalflecken und gelben Längsstreifen hübsch gezeichnet und erinnern entfernt an eine Trompete. Die Blüten sind eine gute Bienenweide und werden intensiv von Hummeln und Wildbienen besucht. Nach erfolgreicher Befruchtung erscheinen lange bohnen- oder zigarrenähnliche Früchte und zieren das Gehölz bis ins Frühjahr. In ihrer nordamerikanischen Heimat findet man Gewöhnliche Trompetenbäume an Auen und an Flussufern. Sie bevorzugen mäßig trockene, nährstoffreiche, tiefgründige lehmige Substrate von schwach sauer bis alkalisch in sonnigen Lagen.

LvE-Tipp

In der Jugend sind Gewöhnliche Trompetenbäume etwas frostempfindlich.

Cercis siliquastrum

JUDASBAUM

Ein echtes Highlight unter den Vorfrühlingsblühern ist der Judasbaum. Überwiegend direkt am alten Holz erscheinen die tiefrosafarbenen Schmetterlingsblüten bereits im April, noch vor dem Laubaustrieb. Diese botanische Besonderheit wird „Kauliflorie" genannt und kommt nur bei wenigen, meist tropischen Gattungen vor. **Der sparrig verzweigte Großstrauch gleicht etwa 3 Wochen lang einer purpurnen Blütenwolke** aus unzähligen Schmetterlingsblüten. Steigern lässt sich der Effekt noch durch eine Unterpflanzung mit Geophyten oder früh blühenden Stauden. Später zieren rotbraune Hülsen, neben einer hellgelben Herbstfärbung, das Gehölz. *Cercis siliquastrum* bevorzugt geschützte Standorte in voller Sonne auf trockenen, durchlässigen und nährstoffreichen Böden. Einen guten Frostschutz dankt er mit überwältigender Blütenfülle.

Davidia involucrata var. vilmoriniana

VILMORINS TASCHENTUCHBAUM

Geduld lautet die Devise beim Vilmorins Taschentuchbaum. Er entwickelt sich in unseren Breiten zu einem 6–8 m hohen, malerischen Strauch, doch es können über 10 Jahre vergehen, bis die ersten „Taschentücher" erscheinen. Dabei werden die kugeligen Blütenstände von 2 bis zu 18 cm großen, herabhängenden, weißen Hochblättern umgeben. Die Hochblätter, auch Brakteen genannt, sind unterschiedlich groß und erscheinen ab Mai. **Sie ähneln Taschentüchern auf einer Leine, die sich im Wind wiegen**; daher wohl auch der deutsche Name. *Davidia involucrata* var. *vilmoriniana* bevorzugen warme Lagen von sonnig bis halbschattig. Auf humosen, nährstoffreichen, nicht zu trockenen Böden fühlen sie sich wohl, Staunässe und Bodenverdichtung behagen ihnen jedoch nicht. In der Jugend freut sich der Taschentuchbaum über einen Winterschutz in Form von Mulch und einem Stammschutz, später ist das Gehölz ausreichend frosthart. Aufgrund seiner spektakulärer Blüte sollte man es an einem exponierten Standort in Szene setzen. Es lässt sich gut mit Schattenstauden unterpflanzen.

LvE-Tipp
Bester Blütenansatz entwickelt sich in warmen, geschützten Lagen.

Hydrangea paniculata

RISPEN-HORTENSIE

LvE-Tipp
Die späte Blütezeit ermöglicht interessante Pflanzkombinationen mit Gräsern, Stauden oder Ahornen.

Im Spätsommer beginnt die große Zeit der Rispen-Hortensien. Je nach Sorte erscheinen die weißen oder cremegelben Blüten ab Juli und blühen bis in den Herbst hinein. Die endständigen Rispen haben eine Länge von 25–30 cm und wechseln gegen Ende der wochenlangen Blütezeit in rosafarbene bis weinrote Farbtöne. Wie bei allen Hortensien umgeben auffällige sterile Randblüten die fruchtbaren Innenblüten. Rispen-Hortensien bilden zwar keine Früchte, doch ihr Blütenstand bleibt bis in den Winter attraktiv. Sie blühen am einjährigen Trieb, daher fördert es den Blütenansatz, wenn die Zweige älterer Sträucher um zwei Drittel eingekürzt werden. *Hydrangea paniculata* toleriert etwas Trockenheit und wächst auf jedem Boden im sauren bis neutralen Bereich in sonnigen bis halbschattigen Lagen.

Magnolia soulangiana

TULPEN-MAGNOLIE

Sie liegen in den Top Ten der beliebtesten Blütengehölze ganz weit vorn: die Tulpen-Magnolien. Ihre großen, rosaweißen Blüten erscheinen bereits Ende April vor dem Laubaustrieb und ziehen nach einem langen Winter alle Blicke auf sich. Ein etwas geschützter Platz kann Schäden durch Spätfrost oder kalte Ostwinde verhindern. **Die traumhaften Frühlingsblüher sollten an eine exponierte Stelle gepflanzt werden**, damit ihre überwältigende Blüte bestens zur Geltung kommt. Doch sind sie nicht zu unterschätzen: Tulpen-Magnolien entwickeln sich im Lauf der Jahre zu imposanten Bäumen mit breit ausladenden Kronen. Ihr flaches Wurzelsystem verträgt keine Konkurrenz oder Bodenbearbeitung, deswegen ist eine Bepflanzung mit verträglichen bodenbedeckenden Stauden oder eine schützende Mulchschicht im Wurzelbereich empfehlenswert. Tulpen-Magnolien bevorzugen einen gleichmäßig feuchten, humusreichen und leicht sauren Boden.

LvE-Tipp

Nach der üppigen Blüte im Frühjahr freuen sich Magnolien über Gaben von organischem Volldünger.

Malus 'Rudolph'

ZIERAPFEL

Zieräpfel sind die Allrounder unter den Gehölzen. Im Frühjahr bestechen sie durch eine üppige Blüte in Weiß, Rosa oder Rot und bei manchen Sorten sind die Blüten sogar gefüllt. Pollen der Zieräpfel gelten als gute Befruchter der Apfel-Fruchtsorten. Ein echter Hingucker ist die Sorte 'Rudolph' mit ihrer Kombination von karminroter Blüte zum bronzeroten Austrieb der Blätter. **Im Sommer färben sich die Blätter dunkel bronzegrün** und später im Jahr erscheinen die orangegelben Früchte. Die mittelgroßen Äpfelchen bleiben lange am Baum haften und bieten zahlreichen Gartenbewohnern eine willkommene Nahrungsquelle. Mit 5–6 m Höhe entwickeln sich Zieräpfel der Sorte 'Rudolph' zu kleinen Bäumen, deren graziler Wuchs auch im Winter bei Schnee und Raureif eine Freude ist. Zieräpfel sollten nicht zu sonnig und etwas windgeschützt stehen. Bei zu sonnigen Standorten bleichen die Blüten relativ schnell aus, bei zu viel Wind werden sie schnell weggeblasen.

Prunus

ZIERKIRSCHEN

Die Gattung *Prunus* zählt zu den Rosengewächsen und ist in ihrer Ausprägung vielfältig. Es finden sich edle Zierkirschen, Bäume und Sträucher mit nahrhaften Früchten, immergrüne Heckengehölze oder heimische Wildarten. Vom Kleinstrauch bis zum Großbaum – bei den etwa 430 Arten ist alles dabei.

Absolut empfehlenswert sind die japanischen Blütenkirschen. **Je nach Art erscheinen Unmengen von einfachen oder gefüllten Blüten bereits vor dem Austrieb.** In Japan werden diese Kirschen häufig als Straßenbaum gepflanzt, was zur Zeit der berühmten Kirschblütenfeste (Hanami) die Städte in ein einziges Blütenmeer verwandelt. „Hanami", bedeutet übersetzt so viel wie „Blüten betrachten" und die zarten Blüten der Gattung *Prunus* stehen in Japan für Anmut und Schlichtheit. Leider währt die Freude nur etwa 10 Tage, dann rieseln die Blütenblätter unverwelkt zu Boden. Doch nichts ist schöner als durch diesen rosaweißen Teppich aus Blütenblättern zu wandeln mit dem Gesumme von unzähligen Insekten im Ohr. Probieren Sie es aus!

Im Herbst beenden japanische Kirschen die Saison mit einem leuchtenden Farbenfeuerwerk in allen Schattierungen von Orange über leuchtend Rot bis Zinnober. Bei den japanische Zierkirschen handelt es sich meist um Hybriden, die nicht fruchten. Ein sonniger, windgeschützter Standort sagt den wärmeliebenden Gehölzen zu. Auf frischen bis feuchten, nährstoffreichen, sandig-lehmigen Böden im neutralen bis alkalischen Bereich gedeihen sie am besten.

Die Blütensaison der japanischen Kirschen beginnt mit ***Prunus* 'Accolade'** (Frühe Zierkirsche) bereits Ende März bis Anfang April. Ihre halbgefüllten, rosafarbenen Blüten erscheinen vor dem Laubaustrieb und verwandeln die Bäume in eine einzige Blütenwolke. Dabei handelt es sich um baumartige Großsträucher bis kleine Bäume mit locker trichterförmiger Krone. Auch ***Prunus × yedoensis*** (die Tokyo-Kirsche oder Yoshino-Kirsche) wird nicht übermäßig groß und entwickelt sich zu einem Baum von 7–10 m Höhe. Die Blüten erscheinen etwas später als bei 'Accolade', ebenfalls vor dem Laubaustrieb Ende März bis Anfang April, sind knospig zartrosa, um mit dem Aufblühen in strahlendes Weiß zu wechseln. Dabei duften sie zarten nach Bittermandel. Neben karminrosa Knospen und einer lichtrosa Blüte im April punktet ***Prunus sargentii*** (Scharlach-Kirsche, Berg-Kirsche) mit einer mahagonifarbenen Rinde. Als kleiner Baum mit breit ausladender Krone benötigt er nicht übermäßig viel Platz. Die längste Blütezeit hat ***Prunus subhirtella* 'Autumnalis'** (Herbstblühende Schnee-Kirsche). Sie beginnt bereits im Herbst, gestattet sich eine Winterpause, um dann im Frühjahr erneut ihre rosa-weißen, halbgefüllten Blüten zu öffnen. Sie bleibt mit 3–5 m Höhe und Breite ein kleiner Baum. Als eine der Letzten blüht ***Prunus serrulata* 'Kanzan'** (Hohe Nelken-Kirsche) mit intensiv rosa gefüllten Blüten – ein schöner Kontrast zum bronzefarbenen Austrieb. Die Wildform ist nicht im Handel erhältlich, jedoch gibt es eine Fülle von Sorten, die auf *Prunus serrulata* zurückgehen. Sie unterscheiden sich in Wuchs, Blüte und Blühzeitpunkt.

Rhododendron

RHODODENDREN UND AZALEEN

Der wissenschaftliche Name dieser Gattung stammt, wie viele botanische Bezeichnungen, aus dem Griechischen und bedeutet Rosenbaum. *Rhododendron* gehören zu den wichtigsten Blütensträuchern in unseren Gärten und unter den über 1000 Wildarten, die weltweit vorkommen, ist vom kleinwüchsigen Zwergstrauch bis zum 20 m hohen Baum alles vertreten. Neben den klassischen immergrünen Rhododendren werden heute auch die sommergrünen Azaleen und die Japanischen Azaleen zu dieser Gattung gezählt. Japanische Azaleen lassen sich hervorragend schneiden und als blühende Flächenbegrüner einsetzen.

Die Züchtung begann bereits Mitte des 19. Jahrhunderts und bis heute sind an die 30 000 Sorten in unzähligen Variationen in Bezug auf Blütenformen, Wuchstypen und Belaubung entstanden. **Das Farbspektrum der Blüten ist sogar noch größer als das der Rosen** und umfasst fast alle Farben – selbst intensiv blaue Sorten sind bei den Wildarten vorhanden.

Rhododendren haben spezielle Ansprüche an Klima und Boden. Sie lieben luftfeuchte Standorte in halbschattigen Lagen. Sehr schattige Lagen führen zu weniger Blüten und einem sparrigen Wuchs. Das dichte und feine Wurzelwerk benötigt einen lockeren, humosen Boden und kiesig-humose oder lehmig-humose Substrate mit perfekten pH-Werten zwischen 4,5 und 5,5. Für Böden mit höheren pH-Werten eignen sich die INKARHO®-Veredlungen. Starke Wurzelkonkurrenz vertragen Rhododendren nicht. Sind ihre grundlegenden Standortansprüche jedoch erfüllt, handelt es sich um pflegeleichte Gehölze mit üppiger Blüte.

Eine Kombination von Rhododendron-Hybriden samt ihren immergrünen großen Blättern mit anderen Gehölzen und Stauden ist nicht immer ganz einfach und ihre Verwendung erfordert etwas Fingerspitzengefühl. Mehr Spielraum hat man bei den Rhododendron-Wildarten oder Azaleen, die ebenfalls fantastisch blühen, jedoch im Habitus deutlich zurückhaltender sind.

Robinia 'Casque Rouge'

ROSAROTE SCHEINAKAZIE

Eine Seltenheit unter den Scheinakazien oder Robinien ist die Sorte 'Casque Rouge'. Als locker verzweigter Großstrauch oder kleiner Baum wird sie nur 5–7 m hoch und blüht nicht weiß, wie die meisten Scheinakazien, sondern mit purpurroten, auffälligen Blütentrauben. **Dabei finden sich unzählige kleine Schmetterlingsblüten in den bis zu 15 cm langen Trauben** und lassen zur Blütezeit, Ende Mai bis Anfang Juni, den gesamten Baum lilarot leuchten. Zudem lockt der zarte Duft viele Insekten an und die Blüten bieten eine hervorragende Nahrungsquelle. Im Austrieb sind ihre gefiederten Blätter zunächst bronzefarben und werden erst später mattgrün. Der Baum ist wie alle Robinien recht pflegeleicht und mag sonnige, warme Standorte auf allen Substraten – lediglich verdichtete Böden behagen ihr nicht.

Rosa

ROSEN

Über Rosen ließe sich ein ganzes Kapitel schreiben, so dürfen sie an dieser Stelle natürlich nicht fehlen. Von jeher haben sie einen besonderen Platz bei den Blütengehölzen eingenommen und die Sortenvielfalt ist enorm. Dabei stammen fast alle Rosen von nur sieben Wildformen ab. Die Züchtung setzt aktuell auf gesunde Sorten, Duft und anmutig gefüllte Blüten. Die gesunden Selektionen befreien Rosen von ihrem Image als Diva, **bringen mehrfachen, lang anhaltenden Blütenflor in Garten und städtisches Grün**. In der Verwendung bieten Rosen eine Vielzahl an Möglichkeiten. Bodendecker-Rosen sind, einmal eingewachsen, hervorragende Flächenbegrüner. Mehrfach blühende Strauchrosen fühlen sich wohl, wenn sie in Kombination mit anderen Gehölzen im Beet stehen oder mit Stauden unterpflanzt werden. Auch bei den Kletterrosen hat sich einiges getan. Neben den Klassikern finden sich hier spannende Farben und nostalgisch anmutende Blüten für eine nicht haftende Fassadenbegrünung.

Styphnolobium japonicum 'Regent'

JAPANISCHER SCHNURBAUM

Aufgrund seiner Blütezeit von Ende Juli bis August ist der Schnurbaum, auch Pagodenbaum genannt, **eine späte und sehr ergiebige Nahrungsquelle für zahlreiche Insekten**. Die lockeren, bis zu 30 cm langen Rispen mit den cremeweißen bis zartgelben Blüten erscheinen in dicht gedrängter Fülle und bei dieser Sorte bereits im Alter von 6–8 Jahren. Schnurbäume werden mit 15–20 m recht hoch und benötigen für ihre oftmals majestätische Erscheinung ausreichend Platz. Das gefiederte, dunkelgrüne Blatt sorgt für lichten Schatten und verbleibt lange am Baum. Die Früchte, ungewöhnliche perlschnurartige Hülsen, werden nur im Weinbauklima gebildet. Schnurbäume vertragen sonnige und trockene Standorte auf allen schwach sauren bis alkalischen Böden, schwere Substrate oder Staunässe sollte vermieden werden. Ältere Pflanzen sind gut frosthart.

LvE-Tipp

Styphnolobium japonicum 'Regent' gilt als Stadtbaum der Zukunft.

Syringa-vulgaris-Hybriden

EDEL-FLIEDER

Wer kennt ihn nicht, den wunderschönen Klassiker mit dem charakteristisch betörenden Duft? **Flieder gehört mit seinen vielfältigen Farbschattierungen, von Lavendel bis Violett, in jeden Frühlingsgarten.** Auch zweifarbige, gelbe, weiße oder gefüllt blühende Sorten wurden im Lauf der Zeit gezüchtet. Aus seiner Heimat Vorderasien gelangte das Gehölz bereits 1565 durch einen österreichischen Gesandten an den Königshof in Wien. Von dort aus begann der Siegeszug des Flieders über ganz Europa, und der intensiven Züchtungsarbeit einer französischen Baumschule ist die heutige Sortenvielfalt zu verdanken. Da sich Flieder zu recht großen Sträuchern entwickeln, ist ein heutiges Zuchtziel, klein bleibende Sorten zu kreieren, die teilweise auch mehrmals im Jahr blühen. Alle Flieder bevorzugen einen sonnigen Standort mit alkalischen Bodenverhältnissen.

Viburnum bodnantense 'Dawn'

WINTER-SCHNEEBALL

Ein absoluter Hingucker im winterlichen Garten ist der sommergrüne *Viburnum bodnantense* 'Dawn'. Je nach Witterungsverlauf können uns seine Blüten bereits im November überraschen. Die Knospen sind deutlich rosa gefärbt, verblassen aber mit dem Aufblühen in Zartrosa bis Weiß. Sie stehen in kleinen endständigen Rispen an den dunkelbraunen Trieben und **verströmen einen starken vanilleartigen Duft**. Die Blüten vertragen zwar einige Minusgrade, jedoch ist ein etwas geschützter Platz durchaus empfehlenswert. Darüber hinaus punktet der Winter-Schneeball noch mit einer dunkelroten oder bronzefarbenen Herbstfärbung der Blätter. Der bis zu 3 m hohe, malerische Strauch stellt an seinen Standort keine besonderen Ansprüche: Sonnige bis halbschattige Lagen in frischen bis feuchten, leicht sauren Böden werden bevorzugt. Pflanzen Sie den Strauch in der Nähe des Hauses. Ein dunkler Hintergrund verstärkt die Wirkung der hellen Blüten.

Viburnum plicatum 'Mariesii'

ETAGEN-SCHNEEBALL

Was macht diesen mit 2 m Höhe relativ niedrig bleibenden Schneeball zum Lieblingsgehölz? **Seine interessante Wuchsform** mit den horizontal und etagenförmig angeordneten Zweigen? Die auffälligen, cremeweißen tellerförmigen Blütenrispen, die zu Hunderten auf den Zweigen sitzen? Oder die fantastische Herbstfärbung, die ab Oktober den Strauch von Violettpurpur über Orange bis zu einem dunklen Weinrot leuchten lässt? Wahrscheinlich alle Komponenten zusammen! Früchte werden allerdings selten gebildet. An den Boden und Standort stellt das Gehölz keine besonderen Ansprüche, nur frisch bis feucht sollten die Substrate sein, gerne in sonnigen bis halbschattigen Lagen.

LvE-Tipp

Erst im Alter entwickelt sich der volle Blütenansatz.

RINDE | DAS GESICHT DER BÄUME

Gehölze mit dekorativen Rinden und Borken sind ein fantastisches Gestaltungselement. Gerade im laublosen Zustand kann man mit farbigen oder buntscheckigen Stämmen, Ästen und Zweigen beeindruckende Winter-Gartenbilder erzielen. Spätestens dann haben die Rindenschönheiten ihren großen Auftritt, lassen sie sich doch in der dunklen Jahreszeit durch einfache Lichteffekte wunderbar inszenieren. Auffällige Rinden kommen gerade bei mehrstämmigen Gehölzen gut zur Geltung, zumal diese niedriger bleiben, so dass die typische Färbung gut zu erkennen ist.

Tapetenwechsel

Pflanzen brauchen eine gewisse Zeit, bis ihre charakteristische Außenhaut ausgebildet wird. Wer eine sofortige Wirkung erzielen möchte, sollte daher auf ältere Solitärgehölze zurückgreifen. Schön sind Kombinationen von farbintensiven Rinden mit niedrigen, immergrünen Gehölzen und Stauden oder mit wogenden Gräsern in vielfältigen Gelb- und Braun-Schattierungen. Raureif oder Schnee lassen wunderbare Stillleben von leuchtenden, bizarr abblätternden Rinden in Verbindung mit Fruchtständen von Stauden entstehen. Ganzjährig sehenswert: Der Kontrast von dunkler Hecke mit den strahlend weißen Stämmen mancher Birken-Arten. Und auf den richtigen Standort kommt es an: Im warmen Abendlicht leuchtet eine rote Rinde noch intensiver, während die Morgensonne weiße Birkenstämme zum Strahlen bringt.

Warum muss die Rinde intakt sein?

Eine intakte Rinde ist für Gehölze überlebenswichtig! Sie reduziert die Verdunstung, schützt den Baum vor Schädlingen, Pilz- und Bakterieninfektionen sowie physikalischen Schäden durch Sonne, Wind oder Feuer. Daher sollte die Rinde niemals verletzt werden!

Das Farbspektrum der Rinden reicht von Weiß, über Grün, Gelb, Gelborange zu Rot oder fast Schwarz, aber auch gestreifte, gemusterte oder abblätternde Stämme sind zu finden. Bei etlichen Gattungen findet man interessant gefärbte Rinden. Da sind zum Beispiel die Ahorne mit ganz unterschiedlichen Vertretern, wie dem Zimt-Ahorn, dessen abblätternde, sich einrollende, rotbraune Borke an Zimtstangen erinnert. Schön sind auch die unterschiedlichen Birken-Arten, mit ihren weißen, rosa überhauchten oder eisgrauen Stämmen, mahagonifarbene Zierkirschen oder die zweifarbige, abblätternde Borke der Platanen und Eisenholzbäume.

Werden in der Gestaltung farbige Zweige verwendet, sollte man bedenken, dass oft nur die einjährigen Triebe intensiv rot gefärbt sind. Daher muss man bei Hartriegel, Pappel & Co spätestens alle 2 Jahre zur Schere greifen, um die intensive Farbe zu erhalten.

Rinde oder Borke – was ist was?

Umgangssprachlich reden wir von Rinde, botanisch korrekt wäre Borke. So werden als Rinde alle Gewebeschichten außerhalb des Zentralzylinders bezeichnet. Die für uns sichtbare Außenhaut, die Borke, bildet nur den äußeren Teil der Rinde. Sie entsteht aus Kork und abgestorbenen Zellen des Bastes. Ein chinesisches Sprichwort sagt: Menschen brauchen ein

Gesicht, Bäume eine Rinde. So entwickelt jede Pflanze ihre ganz charakteristische Schutzschicht, die sich in der Ablagerung der Korkkambien und der Ausbildung der tieferen Gewebeschichten unterscheiden. Weitverbreitet ist die Schuppenborke, die beispielsweise bei Kiefer und Berg-Ahorn vorkommt, während Birken und Kirschen eine Ringelborke bilden. Einige Gattungen verzichten als Schattenbaumart ganz auf ein Korkkambium. Dadurch fehlt ihnen die schützende Borke und sie reagieren mit Sonnenbrand auf plötzliches Freistellen, zu finden beispielsweise bei den Buchen. Bei Platanen oder Parrotien wiederum blättert die Borke in großen Platten ab. Die dadurch entstehenden Muster verleihen jeder Pflanze ihr ganz eigenes Gesicht.

Coppicing

Es gibt derzeit einen Trend in der Staudenverwendung: Bei standortangepassten Mischpflanzungen von Stauden und Gehölzen werden die Gehölze regelmäßig auf den Stock gesetzt (Coppicing) und dienen dadurch als Gerüstbildner in der Staudenpflanzung. Die Vorteile: Nach dem Rückschnitt der Gehölze entstehen oftmals attraktive Rinden-, Blatt- oder Fruchtausprägungen sowie artenreiche Mischungen, die über viele Jahre stabil sind. Durch den regelmäßigen und einfachen Rückschnitt ist der Pflegeaufwand relativ gering und die Flächen haben eine attraktive Fernwirkung.

Der Rindenstar unter den Birken: Die leuchtende, weißrindige Himalaja-Birke, botanisch *Betula utilis* 'Doorenbos', lässt sich wunderbar kombinieren. Ob mit spätblühenden Hortensien oder immergrünen geschnittenen Eiben, diese Birken machen immer eine gute Figur.

VERWENDUNG

Die Äste vieler Hartriegel, hier *Cornus sanguinea*, haben im Winter eine unglaubliche Fernwirkung. Je nach Art und Sorte leuchtet ihre Rinde von gelbgrün bis leuchtend rot. Richtig eingesetzt, ein großartiger Kontrapunkt gegen winterliche Tristesse.

Wenn die Blätter fallen, kommt ihr großer Auftritt. Gerade mehrstämmige Rindenschönheiten wie *Acer griseum*, der Zimt-Ahorn, wirken im Winter, inszeniert mit wogenden Gräsern und Stauden, besonders attraktiv.

Acer griseum

ZIMT-AHORN

Ein besonderer Blickfang im winterlichen Garten ist *Acer griseum*. **Ab einem Alter von 4 Jahren schält sich seine Borke in papierartigen seitlichen Streifen ab**, verbleibt dabei aber an Stamm und Ästen. Besonders auffällig ist die Farbe der Rinde von Mahagoni bis Zimt. Doch nicht nur die spektakuläre Schutzschicht, die dem Zimt-Ahorn seinen Namen verleiht, sondern auch die phänomenale Herbstfärbung macht ihn zu einem einzigartigen Solitär im Garten. In seiner ursprünglichen Heimat in China, kann er durchaus an die 20 m hoch werden – bei uns werden es in der Regel nur 5–8 m. Oft wächst er auch mehrstämmig, was seine bizarre Rindenstruktur betont. *Acer griseum* hat es nicht besonders eilig zu wachsen und wird in 15 Jahren gerade mal 3 m hoch, bevorzugt dabei sonnige Standorte und frische bis feuchte Böden, die eine Bodenreaktion von sauer bis schwach alkalisch haben können.

LvE-Tipp

Ein Aufasten des Zimt-Ahorns bringt seine auffällige Borke noch besser zur Geltung.

Acer rufinerve

ROTNERVIGER SCHLAGENHAUT-AHORN

Dieses auch Rostbart-Ahorn genannte Gehölz ist ein weiterer schmucker Vertreter aus der Gattung der Ahorne. **Er wächst recht langsam zu einem malerischen Kleinbaum von etwa 7 m Höhe heran** – oft auch mehrstämmig mit starken, aufwärtsstrebenden Ästen. Seine glatte äußere Schutzschicht ist außergewöhnlich grün oder graugrün gefärbt und mit weißlichen, selten rosaweißen Längsstreifen versehen. Die relativ hellgrünen, dreilappigen Blätter färben sich im Herbst, auch in halbschattigen Lagen, von Orange bis Rot. Ursprünglich kommt *Acer rufinerve* aus den luftfeuchten Waldregionen Japans, er ist demzufolge kein Gehölz für heiße und trockene Standorte. Er gedeiht am besten auf sauren, humosen Böden bei gleichmäßiger Bodenfeuchtigkeit. Aufasten und mit immergrünen Stauden, Farnen und Gräsern unterpflanzen wirkt besonders gut.

Betula nigra

SCHWARZ-BIRKE

Der deutsche Name dieser Birken-Art ist etwas irreführend. Zunächst löst sich die Borke in krausen Fetzen von Ästen und Stamm, verbleibt und rollt sich ein. Dabei variiert die Farbe der Rinde mit dem Alter. **Ist sie in der Jugend noch lachsfarben über zimtbraun bis silbergrau, färbt sie sich mit den Jahren dunkelbraun bis graubraun.** Schwarz-Birken, auch Fluss-Birken genannt, entwickeln sich zu hohen, häufig mehrstämmigen Bäumen mit einer locker aufgebauten, pyramidalen Krone, deren Zweige zwar übergeneigt, aber nicht hängend sind. Ihre glänzend grünen Blätter färben sich im Herbst fahlgelb. Zu Hause in den Flussregionen des östlichen Nordamerikas verträgt sie kurzzeitige Überschwemmungen, bevorzugt nährstoffreiche Böden und sonnige Standorte. Mehrstämmige Schwarz-Birken-Solitäre bezaubern durch ihre ungewöhnliche Rinde.

Betula utilis 'Doorenbos'

WEISSRINDIGE HIMALAJA-BIRKE

Von strahlend weiß über rötlich bis fast schwarz erscheinen die Rindenfarben der verschiedenen Birken-Arten. Eine besonders auffallende Rinde hat die Weißrindige Himalaja-Birke, *Betula utilis* 'Doorenbos'. Hier ist die äußerste Rindenschicht in der Jugend zunächst rötlich weiß bis oliv. Erst nach 5–8 Jahren entwickelt sie ihre charakteristische strahlend weiße, leicht schimmernde, quergestreifte Borke, die sich in papierartigen Fetzen abrollt. Die Birken wachsen zu malerischen, mittelgroßen Bäumen von 10–15 m Höhe heran und werden auch als mehrstämmige Solitäre angeboten. Bemerkenswert ist neben der beeindruckenden Rinde auch die prächtige goldgelbe Herbstfärbung ab Oktober. *B. utilis* 'Doorenbos' bevorzugt einen sonnigen Standort auf schwach sauren bis neutralen Böden. Ihr flaches Wurzelwerk reagiert empfindlich auf Bodenverdichtung oder Einpflastern.

LvE-Tipp

Die Rinde möglichst nicht verletzen, sonst bildet die Pflanze dort eine schwarze Schutz-Borke – ein irreversibler Vorgang.

RINDE
IM DETAIL

◀ TAXODIUM DISTICHUM

Die Struktur und Farbe der Außenhaut sollte ein wichtiges Kriterium bei der Auswahl von Gehölzen sein. Rötlich braun, in Fetzen abblätternd, präsentiert sich die Borke der Sumpfzypresse.

▼ ACER GRISEUM

Aufgrund seiner wunderbaren Rindenfarbe ist der Zimt-Ahorn ein echter Blickfang in jedem Garten. Diesem Gehölz der Extraklasse, sollte ein besonderer Platz im Garten zugestanden werden.

▼ BETULA NIGRA

Bei der Schwarz-Birke löst sich die Borke in krausen Fetzen vom Stamm. In der Jugend noch lachsfarben oder zimtbraun bis silbergrau, färbt sie sich mit den Jahren graubraun.

BETULA UTILIS 'DOORENBOS' ▶

Birken zeigen eine sehr unterschiedliche Borke. So entwickelt *Betula utilis* 'Doorenbos' erst nach 5 bis 8 Jahren ihre charakteristische strahlend weiße, leicht schimmernde Borke, die sich in papierartigen Fetzen abrollt.

▼ *GINKGO BILOBA*

Die Rinde ist Schutzhülle, Wachstums- und Transportzone in einem. Sie ist in der Regel an den natürlichen Standort gut angepasst. Der Ginkgo hat eine typische graubraune, im Alter tief gefurchte Rinde.

◀ *MALUS* 'ROYALTY'

Jede Rinde hat ihren Charme. Die weit verbreitete Schuppenborke ist auch bei *Malus* 'Royalty', einer sehr gesunden Zierapfel-Sorte, anzutreffen.

PINUS SYLVESTRIS ▶

Als „Gesicht des Baumes" bezeichnen die Chinesen die Außenhaut von Gehölzen. Und so hat jeder Baum seine ganz individuelle Borke, wie die heimische Waldkiefer.

◀ *PRUNUS SERRULA*

Die Rinde der Tibetischen Kirsche wird als Ringelborke bezeichnet. Sie löst sich malerisch in Fetzen vom Stamm und wirkt glänzend mahagonibraun bis schimmernd kupfrig rot, im Winter fast dramatisch.

Cornus alba 'Sibirica'

PURPUR-HARTRIEGEL

Der Rindenstar in der Kategorie Sträucher ist sicherlich bei den Hartriegeln zu finden. Die leuchtend korallenroten Zweige von *Cornus alba* 'Sibirica', dem Purpur-Hartriegel, sind gerade in Kombination mit filigranen Gräsern ein **interessanter Blickfang im winterlichen Garten**. Besonders die großflächige Verwendung erzielt im Winter spektakuläre Effekte, die Ihresgleichen suchen. Purpur-Hartriegel erreichen frei wachsend eine Höhe von 2–3 m. Ein regelmäßiger Rückschnitt ist jedoch erforderlich, weil nur die einjährigen Triebe die intensive Rindenfarbe ausbilden. Der beste Zeitpunkt für den Schnitt ist das zeitige Frühjahr, wenn die Knospen anschwellen. Alle Hartriegel bevorzugen sonnige bis halbschattige Standorte und frische bis feuchte Böden. Bodenverdichtung, Staunässe und Trockenheit mögen sie weniger. Es gibt inzwischen Hartriegel-Sorten mit orangefarbener, korallenroter, gelbgrüner oder rötlich schwarzer Borke.

Parrotia persica

EISENHOLZBAUM

Der Eisenholzbaum gehört zu den Baumarten mit einer Schuppenborke. Bei älteren Exemplaren löst sich die oberste Rindenschicht in dünnen Platten ab, dadurch entsteht ein mehrfarbiges Mosaik aus grauen, olivgrünen und rotbraunen Partien. Neben der interessanten Borke macht auch die Herbstfärbung der Parrotie von sich reden. Leuchtendes Orange über Dunkelrot bis hin zu Gelb tragen die Blätter bereits ab September in ihrem lang anhaltenden Herbstkolorit. Eisenholzbäume wachsen sehr langsam und werden als große Sträucher oder kleine Bäume nur etwa 7–10 m hoch, oft finden sich hier auch mehrstämmige Exemplare. Sie gelten als robust und anpassungsfähig. Einmal eingewachsen, kommen sie sogar mit trockenen Standorten recht gut zurecht. Die Böden sollten schwach sauer bis alkalisch und humusreich sein, schwere Lehmböden mögen sie nicht.

LvE-Tipp
Parrotien lassen sich gut in Form schneiden.

Pinus sylvestris

WALD-KIEFER

Ein auffälliges Merkmal der Wald-Kiefern sind ihre zweifarbigen Stämme. Sie bilden in jungen Jahren eine fuchsrote bis orangefarbene Spiegelrinde. Später, wenn die Pflanze älter wird, reißt sie im unteren Stammbereich längsschuppig auf und nimmt eine braungraue Farbe an. Im oberen Teil des Stammes bleibt hingegen die glatte, orangefarbene bis rotbraune Rinde erhalten. Die eigentümliche Färbung von jungen Kiefernstämmen führte in Ungarn zu der Bezeichnung: „Karottenbaum". Im Habitus gleicht keine Wald-Kiefer der anderen. Die malerischen Großbäume können eine Höhe von 10–30 m erreichen und haben imposante schirmförmige oder locker unregelmäßige Kronen, lassen sich aber durch Schnitt in der Höhe regulieren. Wald-Kiefern sind sehr anspruchslos und gedeihen in sonnigen Lagen auf nahezu allen Böden.

LvE-Tipp

Da sie den Boden nur licht beschatten und tiefe Wurzeln bilden, lassen sich Kiefern bestens unterpflanzen.

Populus alba 'Nivea'

SILBER-PAPPEL

Der Jahrestrieb dieser Silber-Pappel-Sorte ist auffällig kreideweiß gefärbt und auch die weißfilzigen Unterseiten der Blätter sind beeindruckend. **Ein aktueller Trend in der Pflanzenverwendung nutzt den spektakulären Austrieb der Silber-Pappeln in Staudenmischpflanzungen**, wo sie als Gerüstbildner interessante Aspekte in eine Pflanzung bringen können. Voraussetzung für diesen Jahrestrieb ist der jährliche Rückschnitt bis zum Boden. Diese alte gärtnerische Technik wird auch mit dem englischen Begriff „Coppicing" (= auf den Stock setzen) beschrieben; als bester Zeitpunkt gilt das zeitige Frühjahr. Daneben fällt in der Jugend die glatte Rinde von *Populus alba* 'Nivea' durch ihre weißgraue Farbe und die typischen Korkwarzen auf, später färbt sie sich leider olivbraun. Silber-Pappeln bevorzugen sonnige Standorte und tolerieren alle Böden, von trocken bis nass.

Prunus maackii 'Amber Beauty'

AMUR-KIRSCHE

'Amber Beauty', eine prachtvolle Selektion der Amur-Kirsche (*Prunus maackii*), **hat eine glatte, schimmernde, bernstein- bis amberfarbene Rinde**. Interessanterweise ist die auffallende Rinde sowohl bei jungen als auch bei älteren Exemplaren zu finden. Sie ist bei dieser Sorte deutlich heller als bei der Art. Der attraktive Solitärbaum blüht am alten Holz während oder nach dem Laubaustrieb mit weißen Blütentrauben und ist zur Zeit der Blüte ein absoluter Hingucker. Die anspruchslosen Kirschen entwickeln sich zu mittelgroßen, schmalkronigen Bäumen oder mehrstämmigen Solitärsträuchern. Als Standorte sagen ihnen sonnige bis halbschattige Lagen auf nährstoffreichen Böden zu.

LvE-Tipp
Prunus maackii 'Amber Beauty' ist recht frosthart.

Prunus serrula

TIBETISCHE KIRSCHE

Der kurz- oder mehrstämmige Kleinbaum wächst, wie fast alle Rindenschönheiten, sehr langsam. Ihre glänzend mahagonibraune bis schimmernd kupfrigrote Rinde ist etwas dunkler als bei *Prunus maackii* und zieht alle Blicke auf sich. Sie schält sich in papierdünnen Streifen waagerecht vom Stamm. **Durch die spektakuläre Rinde wirken vielstämmige, aufgeastete Exemplare in den Wintermonaten fast dramatisch.** Einige Gärtner empfehlen auch das Reinigen der Rinde, um ihren Effekt noch besser zur Geltung zu bringen. Die kleinen, weißen Blüten erscheinen nach dem Laubaustrieb, jedoch werden die roten Miniaturkirschen nur selten ausgebildet. Die Herbstfärbung ist goldgelb, nicht wie vielfach zu lesen orangerot. Die Tibetische Kirsche, auch Mahagoni-Kirsche genannt, liebt kühle Plätze an sonnigen bis absonnigen Standorten und leicht trockene bis frische, schwach saure bis alkalische Substrate.

Salix alba 'Chermesina'

WEISS-WEIDE

Wenn es um attraktive Rinden geht, liegt *Salix alba* 'Chermesina', die Weiß-Weide, ganz weit vorn. **Weithin sichtbar leuchten die einjährigen Triebe** dieser Weiden-Sorte, die bereits im Jahr 1840 in Deutschland selektiert wurde. Die orangeroten Zweige sind auf der Sonnenseite intensiver gefärbt und ein echter Hingucker im winterlichen Grau, während die ältere Rinde des Stammes tief gefurcht, korkähnlich und braungrau ist. Ein starker Rückschnitt fördert den Austrieb von neuen, intensiv gefärbten Zweigen. Daher eignet sich diese Selektion perfekt für eine Verwendung als Kopfweide, denn so befinden sich die leuchtend roten Zweige auf Augenhöhe. Ihr Wuchs ist weidentypisch und wie alle Weiden stehen sie gerne auf feuchten bis nassen, kalkhaltigen Standorten in voller Sonne. Ihr feines Wurzelwerk kann bestens für die Uferbefestigung verwendet werden. Die Sorte 'Chermesina' ist gut als Kopf-Weide oder für das „Coppicing" geeignet.

Taxodium distichum 'Nutans'

SUMPFZYPRESSE

Die rötlich-faserige Borke der Sumpfzypresse (*Taxodium distichum*) kommt im Winter besonders gut zur Geltung, wenn der Baum seine fedrigen Nadeln verliert. **Neben der sich in Längsstreifen ablösenden Borke ist auch der knorrige, an der Basis verdickte Stamm äußerst sehenswert.** Die hellgrünen Nadeln der durchsichtig und licht wirkenden Konifere stehen in schönem Kontrast zum Rotbraun der Borke und färben sich spät im Herbst ebenfalls intensiv rotbraun. Die Sorte 'Nutans' unterscheidet sich von der Normalform durch aufrecht stehende Nadeln und überhängende Zweigspitzen. In Nordamerika kommen Taxodien in den feuchten Niederungen Floridas vor, gedeihen jedoch auch an trockeneren Standorten. Stehen sie im Wasser oder feuchten Schwemmland, bilden sie im Alter die für Taxodien typischen „Wurzelknie" aus, die zur Atmung und zur Verankerung der Bäume im sumpfigen Untergrund dienen.

HERBSTFÄRBER | FESTIVAL DER FARBEN

Weithin leuchtende Blätter in Rot, Orange und Gelb sorgen im Altweibersommer für gute Laune und vertreiben melancholische Gedanken an den nahenden Winter. Lässt der Platz es zu, kann man mit einer geschickten Planung aus Gräsern, spät blühenden Stauden und herbstfärbenden Gehölzen die dritte Jahreszeit mit einem wahren Feuerwerk der Farben und Formen großflächig inszenieren. Aber auch in kleinen Gärten ist Platz für Herbstzauber: mit nur einem erlesenen Gehölz in leuchtendem Rot, strahlendem Gelb oder warmem Orange.

Struktur auf lange Zeit

Gerade den Bäumen und Sträuchern, kommt in der Planung eine wichtige Funktion zu, bilden sie doch über einen langen Zeitraum das Gerüst einer Pflanzung und färben sich im Alter besonders eindrucksvoll. Sie sollten sorgfältig ausgewählt werden, um Vielfalt zu erzielen, im Lauf der Jahreszeiten Akzente zu setzen oder Kontraste innerhalb einer Pflanzung zu schaffen.

Vorbereitung auf den Winter

Sobald die Nächte kühler und die Tage kürzer werden, beginnen die Pflanzen, sich auf die widrigen Verhältnisse im Winter vorzubereiten. Wasserknappheit bei gefrorenem Boden ist der Anlass für diesen aufwendigen Umbauprozess. Die meisten Laubbäume und auch einige Nadelbäume werfen ihre Blätter ab, um an sonnigen Wintertagen die Verdunstung über die Blätter zu reduzieren. Wasserverbrauch senken lautet die Devise. Trotzdem ist es ratsam, auch im Winter, frisch gepflanzte Gehölze bei offenem Boden mit Wasser zu versorgen.

Pflanzen gehen energieeffizient mit ihren Reservestoffen um. So wird, bevor die Blätter abfallen, das Chlorophyll zerlegt und in Stamm, Zweigen und Wurzeln eingelagert. Chlorophyll ist jedoch für die „Grünfärbung“ der Blätter verantwortlich. Verschwindet es aus den Blättern, haben andere Pflanzenfarbstoffe, die vorher vom Blattgrün überdeckt waren, ihre große Stunde: Carotinoide sorgen für Orange und Gelb, Xanthophylle für Gelb bis Rot und Anthocyane für Rot bis Braun – alles Farbstoffe, die nur im Zellsaft von Landpflanzen vorkommen. Aber nicht alle Gattungen enthalten diese Farbstoffe in den äußeren Schichten der Blätter. Das erklärt die unterschiedliche Laubfärbung der Gehölze im Herbst.

Indian Summer

Ursprünglich bezeichnet der Begriff „Indian Summer“ ein Schönwetterphänomen auf dem nordamerikanischen Kontinent, ähnlich unserem Altweibersommer. Dabei handelt es sich

Intensive Herbstfärbung

Zahlreiche Faktoren sind für die Färbung der Blätter verantwortlich. Grundsätzlich zeigen vor allem ältere Pflanzen ein intensiveres Herbstkolorit. Dennoch gibt es einige gärtnerische Tricks, den „Indian Summer“ zu intensivieren: Neben der Wahl von zuverlässig herbstfärbenden Sorten können sonnige Standorte, eine stickstoffarme Düngung und trockene Standorte das Farbenspiel fördern. Daneben verhindern windgeschützte Plätze ein frühes Ausblasen der Blätter im Herbststurm.

um eine trockene, sonnige und warme Wetterperiode im späten Herbst, kombiniert mit ausgeprägten Temperaturschwankungen zwischen Tag und Nacht. Die spezielle Zusammensetzung der Laub- und Mischwälder in den Staaten Neuenglands und Kanadas sorgt für eine besonders intensive Blattfärbung. Bei diesem Schauspiel, in Amerika auch „Foliage" genannt, übernehmen vor allem verschiedene Birken- und Ahorn-Arten wie Zucker- und Rot-Ahorn die Hauptrolle. Meist genügt eine einzige Nacht um den Gefrierpunkt, damit das Herbstspektakel beginnt. In den unterschiedlichsten Schattierungen von Rot, Orange bis Gelb erstrahlen die Blätter an den Bäumen, und die Zeit der „leaf peeper", der Laubgucker, beginnt.

Wir Europäer und der Rest der Welt bezeichnen mit dem Begriff „Indian Summer" genau diese einmalige Färbung der Gehölze. Auch bei uns kann das Festival der Farben inszeniert werden, bekannte Pflanzenverwender haben es vorgemacht. Einzige Voraussetzung: Man wählt die richtigen Gehölze.

„Indian-Summer" in der Baumschule. Die herbstfärbenden Japanischen Ahorne zeigen sich im Oktober von ihrer schönsten Seite.

VERWENDUNG

Während sich die Blätter der grünlaubigen *Acer palmatum*-Sorten von Gelb bis Orange färben, wechselt das Laub der rotblättrigen Varianten zu leuchtendem Orangerot.

Im Herbst ein wahres Feuerwerk: die Sumpfzypresse (*Taxodium distichum*) und verschiedene Japanische Ahorne inszenieren die dritte Jahreszeit.

Acer

HERBSTFÄRBENDE AHORNE

Eine Vielzahl von Gehölzen aus der Gattung Ahorn ist für ihr Farbspektrum im Herbst berühmt und übernimmt im nordamerikanischen Indian Summer eine wichtige Rolle. Auch bei uns finden sich zahlreiche Arten mit fantastischer Herbstfärbung.

Da sind zum einen die sogenannten **japanischen Ahorne**. Botanisch gesehen handelt es sich um drei verschiedene Arten, alle aus Ostasien, die eng miteinander verwandt sind: *Acer palmatum*, *A. japonicum* und *A. shirasawanum* 'Aureum'. Gerade bei den *A. palmatum*, den Fächer-Ahornen, gibt es unzählige Sorten, die sich in Rinde, Blättern, Wuchsform oder Austrieb unterscheiden. Allen gemeinsam ist jedoch die fantastische Herbstfärbung. Interessanterweise kommen die meisten Neuzüchtungen heute aus Neuseeland, nicht aus Asien.

Besonders schöne Exemplare mit wunderbar feinem, fast fedrigem Laub findet man bei den japanischen Schlitz-Ahornen, *A. palmatum* der *Dissectum*-Gruppe. Ihr extrem langsamer Wuchs macht sie zu wertvollen pflanzlichen Antiquitäten. Mit ihrem auffälligen, oft bizarren Habitus – sie werden nur 1,50–2 m hoch, aber mindestens dreimal so breit – sind sie prädestiniert für besondere Plätze. Insgesamt sind die japanischen Ahorne jedoch sehr unterschiedlich im Wuchs. Neben den Schlitz-Ahornen gibt es auch aufrechte Formen, deren rundlich-lockere Krone eine Höhe von bis zu 8 m erreichen kann. Das filigrane Laub ist in Form und Farbe sehr variabel, dabei verfärben sich die grünen Sorten in ein strahlendes Gelborange, während die rotlaubigen im Herbst karminrot oder dunkelorange leuchten.

Die **Rot-Ahorne**, *Acer rubrum*, dürfen für einen grandiosen Indian Summer nicht fehlen. Sie entwickeln sich zu mittelgroßen, sehr dichten Bäumen. Durch die silbrige Blattunterseite erscheinen die Blätter im Sommer fast zweifarbig. Im Herbst verfärbt sich ihr Laub von intensiv rot bis scharlachfarben. Wer auf eine zuverlässige Herbstfärbung Wert legt, sollte *A. rubrum* in Sorten verwenden, denn diese färben zuverlässiger als die Art. Ein wichtiger Hinweis für alle Pferdebesitzer: Das Laub von *A. rubrum* ist für Pferde und auch viele andere Tiere giftig!

Aus einer Kreuzung von *Acer rubrum* × *Acer saccharinum* ist *Acer* × *freemanii* hervorgegangen. Bei diesen Eltern ist eine strahlend rote Herbstfärbung garantiert. Vom Wuchs her gleicht er den Rot-Ahornen. Ebenfalls zauberhafte Herbstfärber sind *Acer ginnala* (Feuer-Ahorn) und *Acer griseum* (Zimt-Ahorn).

Alle hier beschriebenen Ahorne mögen frische bis feuchte und leicht saure Böden. Ein kalkhaltiger Boden vermindert oft die Herbstfärbung.

Amelanchier 'Ballerina'

FELSENBIRNE

Zu den schönsten herbstfärbenden Gehölzen zählen die Felsenbirnen. **Von Gelb über Orange bis hin zu flammendem Rot färben sich die Blätter** der Großsträucher oder kleinen Bäume im Oktober. Die Sorte 'Ballerina' wurde bereits in den 1970er Jahren in den Niederlanden selektiert, gehört wahrscheinlich zu *Amelanchier laevis* und zeigt etwas größere Blüten als die bekannte Kupfer-Felsenbirne (*A. lamarckii*). Insgesamt zählen Felsenbirnen zu den attraktivsten Vier-Jahreszeiten-Gehölzen: weiße Blütentrauben Ende April, kupferfarbener Austrieb, Herbstfärbung und essbare Früchte. Mehrstämmige Exemplare sind auch im Winter mit ihrer grauen Rinde sehr malerisch. Die Sorte 'Ballerina' wächst am besten auf nicht zu armen Böden, die frisch bis feucht und sauer bis leicht alkalisch sein sollten, sie kann jedoch durchaus auch etwas Trockenheit vertragen. Die robusten Gehölze bevorzugen sonnige bis leicht schattige Lagen.

LvE-Tipp

Amelanchier lamarckii zählt zu den „Top-Ten" der Gehölze (siehe Seite 176).

Cornus florida

AMERIKANISCHER BLUMEN-HARTRIEGEL

Neben der wunderbaren Blüte im Frühjahr macht vor allem die traumhafte Herbstfärbung in wunderschönen Rottönen den Blumen-Hartriegel zu einem unserer Gartenfavoriten. Die außergewöhnliche Blüte befördert ihn in seiner nordamerikanischen Heimat sogar zur „Staatsblume" in zwei Bundesstaaten. Amerikanische Blumen-Hartriegel entwickeln sich zu 5–10 m hohen Großsträuchern oder kleinen Bäumen mit einer breit ausladenden Krone. Das langsam wachsende Gehölz mag weder völlige Trockenheit noch Staunässe und steht gern in einem neutralen bis sauren Boden, der durchlässig und humos sein darf. Stimmen diese Voraussetzungen, wird der Boden intensiv durchwurzelt und damit Bodenerosion vermieden. *Cornus florida* verträgt durchaus halbschattige Lagen, doch mindern diese eine üppige Blüte. Eine gleichmäßige Bodenfeuchtigkeit fördert den Wuchs.

Crataegus crus-galli

PFLAUMENBLÄTTRIGER WEISSDORN

Alle Farben des Herbstes zeigen sich im brillanten Farbspiel von *Crataegus crus-galli* und die kleinen Bäume warten bereits ab September mit ihren gelb bis orangerot glänzenden Blättern auf. Die Laubfärbung ist ein schöner Kontrast zu dem roten, oft überreichen Fruchtbehang. Die auch Hahnensporn-Weißdorn oder Hahnendorn genannte Art lässt sich sehr gut in Form schneiden und wächst zu wunderbaren Formgehölzen heran. Der deutsche Name weist auf die bis zu 8 cm langen, leicht gebogenen Dornen an seinen Zweigen hin. Das macht ihn, neben seinen dichten Zweigen, zu einem perfekten Vogelschutzgehölz. *Crataegus* sind anpassungsfähige und anspruchslose Tiefwurzler, die neutrale bis alkalische Standorte bevorzugen und gern in sonnigen bis halbschattigen Lagen stehen.

Euonymus alatus 'Compactus'

NIEDRIGER FLÜGEL-SPINDELSTRAUCH

Der große Auftritt von *Euonymus* beginnt im zeitigen Herbst, wenn sich seine Blätter rot bis fast pink färben. **Es gibt kein anderes Gehölz in unseren Breiten, dessen Blätter eine ähnlich intensive Farbe annehmen.** Wie der Name 'Compactus' schon verrät, handelt es sich bei dieser Sorte um eine klein bleibende Selektion, die nur 1,50 m hoch wird und genauso breit. Schön ist der natürliche halbkugelige Wuchs der pflegeleichten Gehölze, die sich auch recht gut schneiden lassen. *E. alatus* bevorzugt nicht zu trockene Böden in sonnigen bis halbschattigen Lagen, wobei die Herbstfärbung an sonnigen Standorten intensiver ausgebildet wird. Im Winter lassen sich ausgeprägte Korkleisten gut erkennen.

Ginkgo biloba

GINKGO

Intensiv gelb leuchten die fächerförmigen Blätter des Ginkgo oder Fächerblattbaumes im tristen Novembergrau. Zu dieser Zeit haben die meisten Laubgehölze bereits ihre Blätter abgeworfen und das durchdringende Gelb wirkt wie eine zusätzliche Lichtquelle im Garten. Die goldenen Blätter segeln oftmals in einer Nacht unverwelkt zu Boden und bieten ein jährlich wiederkehrendes Schauspiel. Landen sie beispielweise auf geschnittenen immergrünen Gehölzen überziehen sie die Formen für einige Tage mit einer dünnen gelben Laubschicht.

Der Fächerblattbaum gilt als lebendes Fossil und gehört weder zu den Laub- noch zu den Nadelbäumen. Es gibt weibliche und männliche Bäume, Botaniker sprechen hier von einer zweihäusigen (diözischen) Art. Ginkgos entwickeln sich zu unregelmäßig aufgebauten Großbäumen, die durchaus eine Höhe von 12–15 m erreichen können. Entgegen aller Vermutung lassen sie sich gut schneiden und können als Spalier gezogen werden.

Ginkgos sind robust, wachsen auf allen Böden, in Sonne bis lichtem Schatten, können Trockenheit vertragen, gelten als äußerst gesunde Gehölze und sind sogar salztolerant. Aufgrund dieser Eigenschaften werden sie als einer der Zukunftsbäume für unsere Städte gehandelt.

Der Name Ginkgo leitet sich aus dem Chinesischen ab und bedeutet so viel wie Silber-Aprikose – eine Anspielung auf die essbaren, mirabellenartigen Samen des Ginkgos, die in Japan als Delikatesse gelten. Als lebendes Fossil lassen sich die Ginkgos jedoch Zeit und fruchten erst nach 20–35 Jahren. Und erst dann lässt sich feststellen, ob es sich um männliche oder weibliche Pflanzen handelt. Bei uns werden die Früchte, anders als in Asien, aufgrund ihres Zersetzungsgeruchs nach Buttersäure als störend empfunden, so dass oftmals die weiblichen Ginkgos, nun schon an die 30 Jahre alt, auf Druck der Anwohner gefällt werden. Wer also auf den strengen Geruch der faulenden Früchte verzichten möchte, sollte auf männliche Selektionen zurückgreifen.

Schon Goethe war von dem Fächerblattbaum begeistert und widmete ihm im Jahr 1815 ein ganzes Gedicht. So stehen in Weimar außergewöhnlich viele alte Ginkgos, die von seinem Faible für diese besonderen Bäume zeugen.

Ginkgo biloba

Dieses Baumes Blatt, der von Osten
Meinem Garten anvertraut,
Gibt geheimen Sinn zu kosten,
Wie's den Wissenden erbaut.
Ist es ein lebendig Wesen?
Das sich in sich selbst getrennt?
Sind es Zwei, die sich erlesen,
Dass man sie als eines kennt?
Solche Fragen zu erwidern
Fand ich wohl den rechten Sinn.
Fühlst Du nicht an meinen Liedern,
Dass ich eins und doppelt bin?

Johann Wolfgang von Goethe

LvE-Tipp

Regelmäßiger Sommerschnitt empfehlenswert, so bilden die Gehölze einen kompakten Habitus.

BLÄTTER IM HERBST

AMELANCHIER LAMARCKII ▶
Die fünfte Jahreszeit – Start für das Feuerwerk der Farben. Die anspruchslosen Felsenbirnen gelten als exzellente und zuverlässige Herbstfärber.

▼ LIQUIDAMBAR STYRACIFLUA 'WORPLESDON'
Als Solitäre im Garten überzeugen die Amberbäume mit ihrer früh beginnenden und lang anhaltenden Färbung der Blätter in allen Rot-, Orange- und Gelbtönen. Darüber hinaus eignen sie sich gut als mittelgroße Stadtbäume.

▲ CERCIDIPHYLLUM JAPONICUM
Die Blätter des Kuchenbaums entzücken im Herbst nicht nur durch ihre brillante Herbstfärbung, sondern duften intensiv nach Gebäck, wenn sie sich zersetzen.

GINKGO BILOBA ▶
Das leuchtende Gelb der Ginkgoblätter wirkt wie eine zusätzliche Lichtquelle im November-Garten. Spät im Jahr färben diese Exoten ihre Blätter und lassen sie, oftmals unverwelkt, nach einer Frostnacht zu Boden rieseln. Ein grandioser Anblick auf geschnittenen, immergrünen Gehölzen.

Bunte Vielfalt

Botanisch gesehen lassen sich die Früchte, ähnlich wie die Blüten, in vielerlei Kategorien unterteilen. Sie gehen direkt aus den Blüten hervor und dienen in erster Linie der Fortpflanzung. Neben Kapseln, Nüssen, Spaltfrüchten und Schoten gibt es unzählige Varianten, die dann auch noch kugelig, mit Flugorgan oder stachelig daherkommen. Alle Formen haben sich perfekt an ihre Verbreitung, sei es durch Wind, Wasser oder Tiere, angepasst. Jede Frucht für sich ist ein Wunderwerk der Natur, das man nur erkennt, wenn man sich einmal die Zeit nimmt, genauer hinzuschauen.

Mit Fruchtständen assoziieren viele Menschen den Herbst. So vermitteln manche Arten, wie beispielsweise die Ebereschen mit ihren auffälligen orangeroten Fruchtständen, die bereits im Sommer erscheinen, sehr früh das melancholische Gefühl von nahendem Winter – unter Umständen nicht jedermanns Sache. Es gilt also, für diese wichtigen Fruchtschmuck-Gehölze einen geeigneten Platz zu finden.

Die Früchte von *Crataegus lavallai* 'Carrierei', dem Apfel-Dorn, haften sehr lange am Baum und sorgen für zauberhafte Stillleben im winterlichen Garten.

VERWENDUNG

In der Kategorie „ungewöhnlichster Fruchtschmuck“ hätte der Losbaum, botanisch *Clerodendron trichotomum* var. *fargesii*, gute Chancen auf den ersten Platz. Seine erbsengroßen, fast schwarzen Steinfrüchte sitzen auf glänzenden, pinkroten, sternartigen Kelchblättern.

Ess-Kastanien, *Castanea sativa*, entwickeln sich zu großen Bäumen und benötigen genügend Platz zur Entfaltung. Sie sind sowohl zur Blüte als auch Ende Oktober, wenn die grün-stacheligen Früchte und goldgelbes Herbstlaub die Kronen zieren, fantastisch anzuschauen.

Castanea sativa

ESS-KASTANIE

Die Früchte der Ess-Kastanien erinnern an stachelige, zunächst grasgrüne, später gelbbraune, kleine Igel und finden sich zu Tausenden in den Kronen der mächtigen Bäume. Ess-Kastanien, auch Edel-Kastanien genannt, bieten einen tollen Anblick, sowohl zur Blüte als auch wenn Früchte und goldgelbes Herbstlaub die Kronen zieren. Ende Oktober sind die Früchte reif, fallen zu Boden und die Fruchtbecher platzen auf. Die glänzenden, dunkelbraunen, sehr nahrhaften Nussfrüchte werden von Nagern und Vögeln gern in ihre Vorratskammern geschleppt.

Aber auch bei den Menschen sind diese Früchte beliebt, werden vielfältig verwendet und weiterverarbeitet. Sie werden auch als Maroni bezeichnet und dienten in den armen Bergregionen Südeuropas lange Zeit als Hauptnahrungsmittel. Ess-Kastanien wurden bereits in der Antike intensiv in allen Mittelmeer-Regionen und darüber hinaus angebaut.

Kastanienwälder klettern im Kaukasus bis auf eine Höhe von 1800 m, obwohl die Bäume als wärmeliebend und nur mäßig frosthart gelten. Eine der größten Ess-Kastanien steht auf Sizilien und wird als „Castagno dei Cento Cavalli" (Kastanienbaum der hundert Pferde) bezeichnet. Kastanien können Stämme von bis zu 4 m Stammumfang bilden und sehr alt werden; ihr Holz ist begehrt.

Weil die Früchte in der Vergangenheit eine wichtige Nahrungsquelle ausmachten, wurde auf Ess-Kastanien-Sorten mit großen Früchten, dazu noch leicht zu schälen, Wert gelegt. Heutzutage geht man von über 100 Sorten, teilweise mit nur lokaler Bedeutung, im Anbau aus. So stehen allein auf Korsika über 36 verschiedene Klone, und in Frankreich sind insgesamt über 700 Sorten registriert. Neben der europäischen Ess-Kastanie werden heutzutage auch Früchte der chinesischen und japanischen *Castanea*-Arten verwendet.

Anbauformen sind der extensive Hochwald und eine Niederwald-Wirtschaft, bei der die Bäume alle 15–40 Jahre auf den Stock gesetzt werden. Daneben existiert auf Korsika und im Tessin noch eine spezielle Bewirtschaftungsform: das „Selve", eine Hochstamm-Plantage aus veredelten Bäumen, in denen teils auch das Vieh, überwiegend Schweine, gehalten wird.

Entgegen der weitläufigen Annahme sind Ess-Kastanien in keiner Weise mit *Aesculus hippocastanum*, den Rosskastanien, verwandt, auch wenn der deutsche Name dieses suggerieren könnte. Er stammt wohl eher von den sehr ähnlich aussehenden Früchten: braune Nüsse in äußerst stacheliger Hülle.

LvE-Tipp

Trotz Frostschutz kann der Strauch in der Jugend zurückfrieren, aber er treibt aus der Wurzel wieder aus.

Clerodendron trichotomum var. fargesii

HARLEKIN-LOSBAUM

Würde der Preis für den ungewöhnlichsten Fruchtschmuck im Pflanzenreich vergeben, hätte der Harlekin-Losbaum gute Chancen ihn zu gewinnen. Seine erbsengroßen, fast schwarzen Steinfrüchte sitzen auf glänzenden, pinkroten, fleischigen, sternartigen Kelchblättern. **Ein äußerst ungewöhnlicher, fast künstlich wirkender Fruchtschmuck**, der zudem noch bis in den November an der Pflanze verbleibt. Dieser exotische Solitär entwickelt sich zu einem mittelgroßen Strauch von etwa 2 m Höhe, kann im Weinbauklima auch bis zu 5 m erreichen. Im Alter entwickelt er eine locker verzweigte schirmförmige Krone. Der Strauch mit dem schwierigen botanischen Namen, bevorzugt sonnige bis absonnige Lagen auf mäßig trockenen bis frischen, humusreichen Böden von sauer bis alkalisch.

Crataegus lavallei 'Carrierei'

APFELDORN

Sehr lange, bis in den Dezember hinein, schmückt sich der Apfeldorn (oder auch Baum-Weißdorn) mit seinen auffallenden orangeroten Beeren. **Die bis zu 2 cm großen Früchte ähneln kleinen Äpfeln, sind sehr haltbar und harmonieren wunderbar mit dem orangegelben Herbstlaub.** Die Großsträucher oder kleinen Bäume werden 5–8 m hoch und überzeugen neben der wunderbaren Blüte auch durch ihre bis in den Dezember haftenden Blätter, wodurch sie fast immergrün wirken. Das sehr anspruchslose Gehölz verträgt extreme Trockenheit und Hitze, steht gern auf durchlässigen, schwach sauren bis alkalischen Substraten und bevorzugt Sonne bis lichten Schatten.

LvE-Tipp

Seine bis zu 5 cm langen Dorne machen den Apfeldorn zu einem perfekten Vogelschutzgehölz.

Euonymus europaeus 'Red Cascade'

PRACHT-PFAFFENHÜTCHEN

Bereits Ende August reifen die prachtvollen Pfaffenkäppchen heran und zieren das Gehölz bis weit in den Winter. Zunächst sind die großen Fruchthüllen karminrosa, verfärben sich allmählich rot und bilden einen interessanten Kontrast zu den orangefarbenen Samenhüllen. **Pfaffenhütchen bieten zudem im Herbst mit ihren flammend orangeroten Blättern ein außergewöhnliches Bild** – besonders eindrucksvoll in Kombination mit den interessanten Früchten. Die Zweige der bis zu 5 m hohen, aufrecht wachsenden Großsträucher biegen sich in manchen Jahren unter der Last der Früchte. Die anspruchslosen Gehölze wachsen in Sonne und Halbschatten und fühlen sich auf allen Gartenböden wohl, zu sauer sollte er jedoch nicht sein. *Euonymus* ist im Frühjahr eine gute Nahrungsquelle für Insekten und bietet Vögeln Winterfutter.

Ilex × meserveae 'Blue Princess'

BLAUE STECHPALME

Bei diesen immergrünen Gehölzen stehen die glänzenden, lackroten Beeren in schönem Kontrast zu den blaugrünen Blättern und sorgen für weihnachtliche Stimmung. Allerdings ist *Ilex* zweihäusig und nur die weiblichen Pflanzen bilden Früchte, beispielsweise die robuste Sorte 'Blue Princess'. Sie zeichnet sich durch einen reichen Fruchtansatz und eine hohe Kältetoleranz aus, denn bei dieser Hybride wurde die heimische Stechpalme *Ilex aquifolium* mit der ostsibirisch-nordjapanischen *Ilex rugosa* gekreuzt. Der bis zu 4 m hohe Großstrauch sollte in Sonne oder lichtem Schatten stehen; in tiefem Schatten werden wenig bis keine Früchte gebildet. Wichtig sind sandig-humose Substrate in einem sauren bis schwach alkalischen pH-Wert-Bereich. Auf schweren Böden ist dieses Gehölz nicht ausreichend frosthart und hat keinen Zuwachs.

LvE-Tipp

Für die Fruchtbildung den „Prinzen" in der Nähe nicht vergessen ...

Malus 'Golden Hornet'

ZIERAPFEL

Einer der auffälligsten Zieräpfel in der Rubrik „Fruchtschmuck" ist sicherlich die Sorte 'Golden Hornet', eine von mehr als 400 *Malus*-Sorten, die weltweit registriert sind. **Reichlich und lang hängen die leuchtend gelben, bis zu 3 cm großen Früchte in den Bäumen** und haben eine wunderbare Fernwirkung. Den Früchten vorausgehend ist auch die duftende Blüte der Zieräpfel spektakulär. Dabei verfärben sich die porzellanrosa Knospen in geöffneten Zustand zu reinweiß. *Malus* 'Golden Hornet' werden 6–8 m hoch und haben einen leicht überhängenden Wuchs. Eine weitere positive Eigenschaft: die Schorfanfälligkeit der Blätter ist äußerst gering. Zieräpfel stehen bevorzugt in sonnigen bis leicht schattigen Lagen auf mäßig trockenen bis feuchten Böden. Schwere Substrate sagen ihnen nicht zu.

Sorbus aucuparia

GEWÖHNLICHE EBERESCHE

Bereits ab August finden sich in den Kronen der Ebereschen Massen von erbsengroßen, weithin sichtbaren, leuchtend orangfarbenen bis roten, apfelähnlichen Früchten. **Die Früchte der auch Vogelbeere genannten Bäume sind in der Vogelwelt äußerst beliebt** und auch für den Menschen verwertbar, jedoch roh kaum genießbar. Auch die Blüte gilt als gute Nektarquelle für die Insektenwelt. Die anspruchslosen, heimischen Ebereschen entwickeln sich zu attraktiven kleinen Bäumen von maximal 10 m Höhe, ein- oder mehrstämmig, mit einer rundlichen nicht besonders stark verzweigten Krone. Sie wachsen in Sonne und Schatten, gelten als robust und kommen mit allen Substraten von sauer bis schwach alkalisch zurecht. Vor lang anhaltend trocken Standorten sollte man sie jedoch bewahren, sonst vergreisen sie recht früh. Die *Sorbus*-Arten und -Sorten bilden nicht nur rote, sondern auch gelbe, weiße, hellrosa- oder pinkfarbene Früchte.

3 MIT IMMERG GANZJÄHRIG AKZENTE SETZEN

Immergrüne Gehölze stehen für pflegeleichte Kontinuität und ganzjährigen Sichtschutz. Dies sind wahrscheinlich die Hauptgründe für ihre Beliebtheit bei Privatgartenbesitzern. Leider häufen sich die wenig gelungenen Beispiele immergrüner Pflanzenverwendung. Landaus, landein trifft man, nicht nur in den Neubaugebieten, monotone Kirschlorbeer- und Thujahecken-Ansammlungen, noch getoppt von den Kleinkoniferen-Arrangements, garniert mit ein wenig Kies. So haben die Immergrünen inzwischen ein etwas langweiliges und spießiges Image entwickelt – bedauerlich, denn sie bieten weitaus mehr. Es gab eine Zeit, da waren immergrüne Pflanzen begehrte Sammlerobjekte. Neu entdeckte Koniferen und Blattschönheiten wurden teuer gehandelt und in eigens angelegten Baumparks gehegt und gepflegt. Baumschulen erkannten den Trend und züchteten frostharte Immergrüne mit auffälligen Blüten und panaschierten Blättern.

VERWENDUNG

Immergrüne Gehölze eignen sich bestens als Sichtschutz. Damit diese Pflanzungen nicht monoton wirken, lassen sie sich mit blühenden Sträuchern und Stauden ergänzen. Es ist wie so oft im Leben – auf die richtige Mischung kommt es an.

Mit der überaus sorgfältigen Komposition von geschnittenen, immergrünen Gehölzen und ergänzenden Solitären zeigen sich Gärten als wahre Meisterwerke. Hier wurde die Kunst der Bepflanzung zur Vollendung gebracht.

LAUBGEHÖLZE | ALLES IM GRÜNEN BEREICH

Viele der immergrünen Laubgehölze kommen aus den warm-gemäßigten Zonen Ostasiens, wo das Klima eine ganzjährige Belaubung zulässt. Langjährige gärtnerische Erfahrung und Selektion zeigen, dass etliche dieser immergrünen Gehölze auch in unseren Breiten den starken Frösten trotzen können. Frost ist das große Problem der immergrünen Pflanzen. Erst mit dem Trick, das Laub im Winter abzuwerfen, konnten viele Laubgehölze in subarktische Klimazonen vordringen und die kalte Jahreszeit überleben.

Immergrün versus wintergrün

Bei den immergrünen Gehölzen existieren feine Unterschiede: Botaniker unterscheiden immergrün, halbimmergrün und wintergrün. Das Verhalten der Pflanzen kann durchaus von Klimazone zu Klimazone variieren und die Übergänge sind fließend. Als Immergrün gilt, wer sein Laub oder seine Nadeln mindestens 2 Jahre behält. Weil sich dann aber schon der neue Trieb samt Laub gebildet hat, erscheinen die Pflanzen immergrün, obwohl auch sie regelmäßig ihr altes Laub abstoßen. *Pinus longaeva*, die „Langlebige Kiefer“, hält den Rekord bei den Immergrünen und trägt ihre Nadeln bis zu 45 Jahre lang.

Halbimmergrüne Pflanzen reagieren flexibel und richten sich nach dem Witterungsverlauf. In milden Wintern behalten sie das Laub und bleiben grün. Ist der Winter sehr kalt, werden die Blätter abgeworfen, um ein Vertrocknen zu vermeiden.

Optimaler Standort

Immergrüne Laubgehölze haben es nicht leicht im hiesigen Winter. Daher ist ein absonniger Standort und Schutz vor kalten und trockenen Ostwinden zu empfehlen. Bei lang anhaltenden Spätfrösten kann eine Schattierung das Vertrocknen der Gehölze verhindern.

Die dritte Variante lautet: wintergrün. Dabei handelt es sich um Pflanzen, die im Frühjahr ihre Blätter austreiben und sie über den Winter behalten, um sie dann im Frühjahr mit dem neuen Austrieb abzuwerfen. Als Beispiele gelten der Wintergrüne Duft-Schneeball (*Viburnum burkwoodii*), Liguster (*Ligustrum vulgare*) oder Berberitzen-Arten (*Berberis*).

Vermeidung von Frostschäden

Gefriert das Wasser im Boden zu Eis, kann es von den Wurzeln nicht mehr aufgenommen werden. An sonnigen Standorten tauen die Blätter jedoch auf und verdunsten sofort über ihre Spaltöffnungen Wasser. Gleichzeitig kann aber kein Wasser in die Blattspreiten nachgeliefert werden. Die Folge: Der Transpirationsstrom in den Leitungsbahnen reißt ab und es bilden sich sogenannte Spannungsembolien. Daher erfrieren die meisten Gehölze nicht, wie vielfach angenommen, sondern vertrocknen. Dieses Phänomen wird von Fachleuten auch als „Frosttrocknis“ bezeichnet. Aus diesem Grund freuen sich immergrüne Gehölze über einen luftfeuchten Standort, an dem sie vor Mittagssonne und starken Ostwinden geschützt stehen.

Bereits im März hat die Sonne, auch in unseren Breiten, ziemlich viel Kraft. Kommt es nun zu lang anhaltenden Spätfrösten, lassen sich die Pflanzen nur schützen, indem man sie mit Vlies abdeckt und so vor der starken Sonneneinstrahlung bewahrt. Empfehlenswert ist auch das Wässern der immergrünen Pflanzen, sobald der Boden „offen“, das heißt frostfrei ist. Kommt es doch einmal zu Frostschäden, können diese herausgeschnitten werden. Manche Gehölze sind auch nur in der Jugend frostempfindlich und im Alter ausreichend frosthart. Natürlich bestimmt der Witterungsverlauf die Frosthärte. Gerade nach milden Wintern können Spätfröste gravierende Schäden verursachen, denn die Pflanzen haben zu diesem Zeitpunkt bereits auf den Frühjahrsmodus umgestellt.

Gestaltung mit Immergrünen

Immergrüne Gehölze eignen sich für alle Gartenstile. Mit ihnen lässt sich spielend ein mediterranes Ambiente, Landhausgarten-Flair oder eine asiatische Atmosphäre erzeugen. Zudem sind sie bestens für die Gliederung von Gartenräumen oder eine moderne Gestaltung geeignet.

Grundsätzlich gilt bei allen Immergrünen: Die Pflege, besonders die Bewässerung, muss in der ersten Vegetationsperiode nach der Pflanzung sehr gut funktionieren.

Berberis julianae

GROSSBLÄTTRIGE BERBERITZE

Die Großblättrige Berberitze zählt zu den höchsten und schönsten immergrünen *Berberis*-Arten. **Sie ist ein auffälliges Soltärgehölz oder eine überaus wehrhafte Heckenpflanze.** Sie hat nämlich nicht nur immergrüne, stachelige Blätter, sondern auch noch bis zu 4 cm lange Dornen. Werden diese Berberitzen regelmäßig geschnitten, entwickeln sich absolut blickdichte, undurchdringliche Hecken. Optische Akzente setzen sie durch Blüte und Frucht. Im Mai erscheinen die zahlreichen gelben Blüten in Büscheln – zugleich eine gute Bienenweide –, die zu blauschwarz bereiften Beeren heranreifen. An den Boden stellt dieses genügsame Gehölz keine großen Ansprüche und sogar zeitweilige Trockenheit wird willig ertragen. Tragen Sie beim Schnitt der Gehölze unbedingt dicke Arbeitshandschuhe!

Ilex aquifolium

EUROPÄISCHE STECHPALME

Um den heimischen Kleinbaum ranken sich viele Mythen. Im englischen Sprachgebrauch heißt die Stechpalme „Holly“ und ist ein absoluter Klassiker in der Weihnachtsdekoration. Angeblich geht sogar die Bezeichnung „Hollywood“ (Stechpalmenwald) auf dieses immergrüne Gehölz zurück. **Die weihnachtliche Favoritenrolle begründet sich im glänzend dunkelgrünen, ziemlich stacheligen Laub**, das in einem hübschen Kontrast zu den roten Beeren steht. *Ilex aquifolium* wächst sehr langsam, entwickelt sich zu einem Großstrauch oder kegelförmigen Kleinbaum von etwa 5–10 m Höhe und bildet eine dichte Krone mit überhängenden Ästen. Das Gehölz ist zweihäusig (diözisch), bildet also männliche und weibliche Bäume aus. Es gedeiht in sonnigen bis schattigen Lagen, jedoch nur bei gleichmäßiger Luft- und Bodenfeuchtigkeit. An den Boden stellt es keine großen Ansprüche, wichtig ist ein durchlässiges, etwas nährstoffreiches Substrat. Wer auf Fruchtschmuck Wert legt, sollte auf weibliche Selektionen setzen und den Befruchter nicht vergessen.

Magnolia grandiflora 'Blanchard'

IMMERGRÜNE MAGNOLIE

Mitten im Sommer, etwa ab Juli, erscheinen die bis zu 35 cm großen, duftenden, reinweißen Blüten einzeln auf den Ästen der majestätischen Bäume. Sie bilden einen wunderbaren Kontrast zu den großen, dunkelgrünen Blättern. Interessanterweise stoßen die immergrünen Grandiflora-Typen erst nach drei Vegetationsperioden im Frühjahr ihre Blätter ab. Sehr auffällig ist bei der Sorte 'Blanchard' der leuchtend braune Verdunstungsschutz auf der Blattunterseite und den jungen Trieben. Immergrüne Magnolien entwickeln sich zu etwa 8 m hohen Bäumen mit einer breitovalen Krone und gelten als sehr schnittverträglich. Für die exotisch anmutenden Gehölze empfehlen sich vollsonnige Lagen, die wiederum wichtig für das Ausreifen der Triebe sind. *Magnolia grandiflora* ertragen kurzfristige Trockenheit, mögen jedoch grundsätzlich feuchte bis frische, humusreiche, saure bis neutrale Böden und benötigen viel Wasser. Extrem wärmeliebende Pflanze, wählen Sie keine windexponierten Standorte.

Osmanthus heterophyllus

STACHELBLÄTTRIGE DUFTBLÜTE

Die Blätter der immergrünen Stachelblättrigen Duftblüte erinnern mit ihren stacheligen Jugendblättern an einen *Ilex*, später werden vermehrt ganzrandige Blätter gebildet. In milden Lagen werden die Sträucher über 3 m hoch und breit. Sie sind sehr schnittverträglich und gut für den Heckenschnitt geeignet. **Die Blüte erscheint, wie bei den Wintergrünen Ölweiden, von September bis Oktober und duftet genauso stark.** *Osmanthus heterophyllus* ist diözisch, so erscheinen die weißen Blüten nur bei den weiblichen Pflanzen. Wie viele andere immergrüne Laubgehölze bevorzugt auch er absonnige bis halbschattige Standorte, ist durchaus hitzeverträglich und wärmeliebend. Die Böden sind idealerweise trocken bis feucht, mäßig sauer bis schwach alkalisch und gerne durchlässig sandig-lehmig.

LvE-Tipp

Wer eine Blüte im Frühjahr bevorzugt, ist mit *Osmanthus burkwoodii* gut beraten.

Phyllostachys und Fargesia

BAMBUS

Die immergrüne Leichtigkeit von Bambus erfreut sich wachsender Beliebtheit. Ursprünglich ist er weltweit außer in Europa und der Antarktis zu Hause. Dabei wächst er unter den unterschiedlichsten Voraussetzungen: auf dem Meeresniveau der Tropen, in Bergregionen bis zu einer Höhe von 4000 m oder er bildet undurchdringliche Bambuswälder. **Unter idealen Bedingungen schaffen schnellwüchsige Arten 1 m Zuwachs am Tag**, diese Gewächse dienten früher auch als Folterinstrument ...

Bei der Wuchsform zeigt sich der Bambus variabel: Von der bodenbedeckenden Zwergform bis hin zu 40 m hohen Halmen ist alles dabei. Dass der Bambus botanisch zu einer Unterart der Süßgräser und damit nicht zu den Gehölzen gehört, erklärt seine Flexibilität. Seine Stängel sind eigentlich Halme, wie bei Gräsern innen hohl und durch Internodien gegliedert. Legendär ist die Biegsamkeit dieser Halme. Auch wenn sie wochen- oder monatelang vom Schnee niedergedrückt werden, können sie sich, sobald der Schnee verschwunden ist, wieder aufrichten. Dieses Phänomen hat sicherlich dazu beigetragen, dass Bambus in China als Symbol für Kraft, Stärke und Ausdauer gilt.

Bambus eignet sich auch für unser Klima, doch sollte man bei der Verwendung einige Details beachten. Grundsätzlich lassen sich horstbildende und ausläufertreibende Gattungen unterscheiden. Die Horstbildner, meistens *Fargesia*-Sorten, bilden nur sehr kurze Ausläufer und bleiben ihrem Standort treu. Im Lauf der Zeit können sie beachtliche Horste von mehr als 4 m Durchmesser entwickeln. Andere Gattungen wie *Phyllostachys* und Co. bilden hingegen Ausläufer von beeindruckender Länge und erobern sich mit Hilfe der unterirdischen Rhizome neue Standorte. Dabei gehen sie nicht zimperlich vor und eine spezielle Rhizomsperre ist unbedingt angesagt, will man seinen Bambus nicht beim Nachbarn entdecken (und roden). Dabei streiten sich die Gelehrten, wie tief die Sperre sein muss. Bislang werden 70 cm Hochdruck-Polyethylen-Sperre mit speziellem Schloss empfohlen, es gibt aber auch Fachleute, die von 1 m Tiefe und mehr ausgehen.

In der Verwendung ergeben sich viele Möglichkeiten, Bambus lässt sich sogar wunderbar als Hecke einsetzen – er ist immergrün, bietet einen guten Sichtschutz und muss nicht geschnitten werden. Doch grundsätzlich muss man sich von dem Gedanken verabschieden, dass Bambus schnell wächst. Zunächst bildet Bambus, etwa die Gattung *Phyllostachys*, einzelne, locker belaubte Halme und bis die Hecke blickdicht ist vergehen ein paar Jahre. Man sollte berücksichtigen, dass Bambus über das ganze Jahr seine Blätter erneuert. Unter „pflegeleicht" versteht man wahrscheinlich etwas anderes, doch das wunderbar leichte Grün, das sich im Wind wiegt, entschädigt jeden Tag für den kontinuierlichen Blattabwurf.

Für asiatisches Flair eignen sich besonders die exotisch wirkenden *Phyllostachys*-Arten in Einzelstellung. Hier gibt es je nach Sorte die unterschiedlichsten Halmfarben: von Violettschwarz über Gelb bis zu Grüngestreift ist alles vorhanden. Dabei sollte man aber auf die Frosthärte achten, denn nicht jede Sorte ist gleich, und gerade die beliebten schwarzhalmigen Sorten können nur etwa −18 °C ertragen. Dabei existieren durchaus Unterschiede im Mikroklima und jeder Standort ist anders.

Auch als immergrüne Bodendecker machen die klein bleibenden Bambus eine gute Figur. Hier eignen sich die verschiedenen *Pleioblastus*-Arten, die nur 30–80 cm hoch werden. Man traut es diesen zierlich wirkenden Gehölzen auf den ersten Blick nicht zu, doch ihr Ausbreitungsdrang ist enorm und der Einsatz einer Rhizomsperre absolut empfehlenswert. Sie bilden dichte Bambusteppiche und können als pflegeleichte Rasenersatzpflanzung zügig große Flächen begrünen. Der einzige Pflegeaufwand ist der einmal im Jahr fällige Rückschnitt, und der kann sogar mit einem hochgestellten Rasenmäher erfolgen.

Prunus lusitanica 'Angustifolia'

PORTUGIESISCHE LORBEERKIRSCHE

Ursprünglich ist die Portugiesische Lorbeerkirsche im mediterranen Klima beheimatet, doch sie gilt auch bei uns als ausreichend frosthart. In ihrer Heimat erreichen die Großsträucher durchaus eine Höhe von 20 m, bei uns werden es lediglich 3–4 m, und letztere auch nur im Weinbauklima. **Im Alter entwickeln die unregelmäßig aufgebauten Sträucher eine malerische Krone.** Besonders dekorativ sind bei der Sorte 'Angustifolia' ihre leuchtend roten Blattstiele und Zweigenden im Kontrast zu den mittelgroßen, glänzenden, dunkelgrünen Blättern. Ebenfalls auffällig ist die weiße Blüte. Die 15–25 cm langen Blütentrauben verströmen einen angenehmen Duft und werden gerne von Bienen besucht. Wie die meisten immergrünen Laubgehölze freuen sie sich über einen geschützten Standort. Ansonsten bevorzugen sie sonnige bis halbschattige Lagen und mäßig trockene bis frische, schwach saure bis alkalische Substrate, sind aber insgesamt anpassungsfähig.

LvE-Tipp

Der Baum hat nach Frostschäden ein hohes Regenerationsvermögen und ist sehr schnittverträglich.

Quercus × turneri 'Pseudoturneri'

WINTERGRÜNE EICHE

Diese Kreuzung aus heimischer Stil-Eiche (*Quercus robur*) und Stein-Eiche (*Q. ilex*) ist bei uns leider recht selten zu finden. Dabei ist sie bereits im Jahr 1880 in einer englischen Baumschule gezüchtet worden. Die bis zu 10 m hohen Großsträucher oder kleinen Bäume entwickeln zunächst eine breitovale, geschlossene Krone mit bogenförmig aufstrebenden Ästen. **Ihre schmalen, elliptischen Blätter sind matt dunkelgrün und am Rand gezähnt.** Sie werden in der Regel erst im Frühjahr ersetzt, daher gilt diese Kreuzung als wintergrün. Im Frühjahr fallen besonders die Blüten mit den langen Kätzchen auf. Die Wintergrüne Eiche wächst gern auf nahrhaften, trockenen bis frischen, durchlässigen, schwach sauren bis alkalischen Böden. Als Standorte kommen alle sonnigen Lagen oder lichter Schatten infrage. Sie gilt als hitzeverträglich und mäßig frostempfindlich. Ein Winterschutz ist ratsam.

RHODODENDRON-HYBRIDEN

Rhododendren sind wunderbare immergrüne Gehölze und in einer unglaublichen Vielfalt auf dem Markt. Dürfen die klassischen Rhododendron-Hybriden wie *R. catawbiense* & Co. sich frei entfalten, benötigen sie je nach Art und Sorte im Laufe der Zeit mehrere Meter in der Breite, was wahrscheinlich nur auf parkähnlichen Grundstücken funktioniert. Daher wurden in den letzten Jahren besonders Rhododendron-Sorten ausgelesen, die sich zu blütenreichen, blickdichten, kleinen Sträuchern entwickeln. Daneben zeichnen sie ihr robustes Äußeres und die gute Winterhärte ebenfalls aus. Werden Rhododendron-Sorten auf INKARHO®-Unterlagen veredelt, wachsen sie sogar in leicht alkalischen, locker-humosen Substraten. Grundsätzlich sollte jedoch auch bei diesen „veredelten" Rhododendron-Sorten immer auf die Zugabe von organischer Substanz geachtet werden.

Viburnum 'Pragense'

PRAGER SCHNEEBALL

Der Sortenname dieses vielseitigen Schneeballs weist auf seinen Ursprung in einer Prager Gärtnerei hin. *Viburnum* 'Pragense' entwickelt sich zu locker rundwüchsigen Sträuchern von 2–3 m Höhe mit elegant übergeneigten Zweigen. Mit seinem immergrünen Laub, blattoberseits glänzend grün, unterseits graufilzig, und eher licht belaubt, ist er auch im Winter eine interessante Erscheinung. Spätestens im Mai und Juni überzeugt er jeden Betrachter durch die hübschen, halbrunden **Trugdolden, die in knospigem Zustand hellrosa, geöffnet cremeweiß den Strauch zieren**. Dazu verströmen sie einen leichten Duft. Ab August erscheinen die roten, später schwarzen, giftigen Früchte. Das Gehölz wächst in sonnigen bis halbschattigen Lagen, ist hitzeverträglich und fühlt sich in allen Gartenböden wohl, wenn sie mäßig trocken bis frisch sind.

LvE-Tipp
Die Sorte ist gut schnittverträglich und kann auch als Hochstamm gezogen werden.

NADELGEHÖLZE | DIE ÜBERLEBENSKÜNSTLER

Landläufig hält sich die Annahme: Nadelgehölz gleich Konifere gleich immergrün. Doch weit gefehlt. In der Natur ist vieles möglich, und vier Gattungen (*Larix*, *Metasequoia*, *Taxodium* und *Pseudolarix*) werfen ihre Nadeln im Winter ab. Nadelgehölze wachsen fast überall auf der Welt. Sie gelten als unkompliziert im Vergleich zu den immergrünen Laubgehölzen, haben sie sich doch im Lauf der Evolution besser an die schwierigen Bedingungen im Winter angepasst.

Der Kälte trotzen

Von der Anpassungsfähigkeit der Nadelgehölze zeugen ihre ursprünglichen Verbreitungsgebiete. In den nördlichen Klimazonen mit ihren unglaublich harten Bedingungen während des Winterhalbjahres, beispielsweise im borealen Nadelwaldgürtel der Taiga, wachsen ausschließlich Koniferen. Dazu produzieren diese Gehölze biologische Frostschutzmittel, die die Entstehung von Eiskristallen im Inneren der Zellen verhindern, und ihre Leitungsbahnen wurden im Lauf der Zeit immer enger, damit der Transpirationsstrom länger erhalten bleibt.

Nadeln und Zapfen – ganz typisch?

Genau betrachtet sind Nadeln auch Blätter. Etliche Koniferen haben in ihrer Entwicklungsgeschichte die Epidermis stark verdickt und oft mit einer Wachsschicht überzogen. Im Unterschied zu den Laubblättern zeigen Nadeln eine deutlich verringerte Oberfläche und die Stomata liegen vertieft im Abschlussgewebe. Alles Maßnahmen, um die Verdunstung von Wasser zu reduzieren. Dabei variiert die Länge der Nadeln zwischen 0,2 und 40 cm. Doch nicht alle Koniferen bilden Nadeln. Beispielsweise haben *Thuja*, eine Gattung der Zypressengewächse, kleine Blättchen, die eng am Trieb anliegen, von Botanikern als Schuppenblätter bezeichnet. Die Nadelfarben sind ebenfalls sehr unterschiedlich: Von Dunkelgrün, über Grüngelb bis hin zu Stahlblau – alles ist vertreten.

Auch wenn es auf den ersten Blick nicht so scheint, gehören die Nadelgehölze doch zu den Blütenpflanzen. Aus den weiblichen Blüten entwickeln sich nach der Befruchtung die bekannten Zapfen, während die männlichen Blüten recht unscheinbar sind. Sie alle sind Nacktsamer – im Fachjargon auch als Angiospermen bezeichnet: Die Samen liegen frei zwischen den Zapfenschuppen. Sie haben eine Reifedauer von bis zu 2 Jahren.

Habitus

Nadelgehölze erkennt man schon aus der Entfernung an ihrer gleichmäßigen, kegelförmigen Krone. Erst mit dem Alter entwickeln sich die malerischen schirmförmigen Kronen, wie man

Pflegeleicht?

Wer eine große Kiefer oder ein anderes ausgewachsenes Nadelgehölz sein Eigen nennt, der weiß, dass die Aussage von der pflegleichten Konifere im Bereich der Märchen und Sagen anzusiedeln ist. Eine ausgewachsene Kiefer verliert das ganze Jahr über ihre Nadeln. Sie ist ein fantastischer Sichtschutz, ein tolles Biotop oder einfach nur wunderschön, aber alles andere als pflegeleicht …

sie von den Kiefern kennt. Außer es handelt sich um gezüchtete Zwergformen, wachsen Koniferen in der Regel zu stattlichen Großbäumen heran. Durch ihre vielfältigen Überlebensstrategien sind Nadelgehölze Pionierpflanzen auf schlechten Böden und gedeihen noch unter den unwirtlichsten Bedingungen.

Winterfärbung

Zahlreiche Koniferen wie *Taxus*, *Thuja* oder *Juniperus* verfärben ihre Nadeln im Winter rostbraun. Dabei handelt es sich um eine Anpassung an frostige Temperaturen und kalte Winde. Dieses Phänomen lässt sich hauptsächlich bei den Wildarten feststellen und ist bei gezüchteten Sorten weniger verbreitet. Es existieren sogar spezielle Züchtungen, die auf eine ausgeprägte „Winterfarbe“ selektiert wurden. Sobald die Temperaturen wieder steigen, geht die Verfärbung zurück.

Nadelfarben

In der Pflanzenverwendung erfordert das Spiel mit den Nadelfarben Fingerspitzengefühl. Doch bieten diese – teilweise fast schon künstlich wirkenden – Farben für den Planer ein großes Potenzial. So lassen sich ungewöhnliche, zweifarbige Hecken aus *Chamaecyparis* oder stahlgraue Kombinationen mit silbrigen Stauden verwirklichen. Der Fantasie sind keine Grenzen gesetzt und es wäre schön, die Koniferen von ihrem „Friedhofs-Charme“ zu befreien, bieten sie doch unglaubliche Möglichkeiten in der Pflanzenverwendung.

Ein Meisterstück für einen besonderen Platz: Dieses Unikat, ein kriechender Heide-Wachholder (*Juniperus communis* 'Hornibrookii'), wurde über Jahrzehnte zu einem Solitär geformt.

Abies koreana

KOREA-TANNE

Die Korea-Tanne ist ein äußerst interessantes Gehölz mit ihrem gedrungenen Wuchs und den auffälligen Früchten. Letztere sind sicherlich nicht zum Verzehr geeignet, doch äußerst attraktiv. Bereits in jungen Jahren erscheinen die zahlreichen, purpurvioletten bis zu 7 cm langen und bei Tannen immer aufrecht stehenden Zapfen. Die Schuppen fallen einzeln ab, so dass nur die Achse (Spindel) des Zapfens stehen bleibt. Veredelte Exemplare fruchten früher und reicher als die Sämlinge. Korea-Tannen entwickeln sich zu unregelmäßigen Kleinsträuchern von 0,8–2 m Höhe, deren Äste breit-fächerförmig abstehen. Sie wachsen sehr langsam und bevorzugen Standorte in sonnigen Lagen bis hin zu lichtem Schatten. *Abies koreana* bevorzugen frische bis feuchte, nährstoffreiche Böden von sauer bis schwach alkalisch. Über 60 Sorten von *Abies koreana* sind im Handel erhältlich – ein Zeichen für ihre Beliebtheit.

Cedrus libani

LIBANON-ZEDER

Schon in der Bibel werden die imposanten Libanon-Zedern erwähnt. Ihr dauerhaftes Holz war (und ist) sehr begehrt, so dass die natürlichen Bestände in den Höhenlagen des Libanongebirges in den letzten 5000 Jahren drastisch reduziert wurden. **Libanon-Zedern entwickeln in der Jugend eine streng kegelförmige Krone, später ist ihr Wuchs etagenförmig**, mit fast waagerecht ausgebreiteten Ästen, dabei erreichen sie hierzulande eine Höhe bis zu 20 m. Die typischen eiförmigen, 10 cm großen, harzigen Zapfen werden erst ab einem Alter von 30 Jahren gebildet und stehen auf den Ästen über den dunkelgrünen Nadelbüscheln. Zedern gelten als anspruchslos und wachsen auf allen durchlässigen Substraten, gern kalkhaltig und mäßig trocken bis feucht. Standorte in der vollen Sonne und Wärme sagen ihnen sehr zu. Sie vertragen Trockenheit und sind, einmal eingewachsen, recht windfest. Über einen Frostschutz in der Jugend sind Libanon-Zedern dankbar.

LvE-Tipp

Empfindlich beim Verpflanzen, gute Pflege erforderlich.

Chamaecyparis obtusa 'Nana Gracilis'

MUSCHEL-ZYPRESSE

Ursprünglich kommen weltweit nur 6 Arten der Gattung *Chamaecyparis* vor, doch ihre hohe Mutationsneigung hat zu Hunderten von Sorten geführt. Das Hauptzuchtziel: Blattfarben und Wuchsformen. **Inzwischen existieren blaue, graue oder gelbe Typen in allen erdenklichen Wuchsformen.** Von all diesen Züchtungen ist die Muschel-Zypresse ein absoluter Klassiker. Diese „Zwergform" mit ihren dunkelgrünen Blättern und den gedrehten, waagerecht abstehenden Zweigen wächst sehr langsam, kann aber durchaus 3 m hoch und 2 m breit werden. Genau betrachtet handelt es sich bei den *Chamaecyparis* nicht um Nadeln, sondern um Schuppenblätter. Interessanterweise ist der junge Trieb hellgrün, so dass sich innerhalb der Pflanze reizvolle Grünschattierungen ergeben. An den Standort stellt dieses Gehölz keine großen Ansprüche. Lichter Schatten bis Halbschatten lautet die Devise, sogar volle Sonne ist bei hoher Luft- und Bodenfeuchtigkeit möglich. Der Boden sollte frisch bis feucht, sauer bis neutral, nährstoffreich und durchlässig sein.

Cryptomeria japonica 'Globosa Nana'

KLEINE SICHELTANNE

Sehr ungewöhnlich, fast schon exotisch ist der Wuchs dieser kleinen Sicheltannen-Sorte, die auch Kugel-Sicheltanne oder Japanische Zeder genannt wird. 'Globosa Nana' gilt als Zwergform, wächst jedoch über Jahrzehnte zu gedrungenen, dichten Kugeln von etwa 2,5–3 m Durchmesser heran. Dabei erinnert ihr Habitus entfernt an einen Blumenkohl. Zu ihren sichelförmig gekrümmten, dunkelgrünen Blättern bildet der frische hellgrüne Austrieb einen interessanten Kontrast. Im Winter verfärbt sich das Laub wie bei vielen Koniferen bronzefarben. *Cryptomeria* bevorzugen ein wintermildes Klima in sonnigen bis halbschattigen und (ganz wichtig!) luftfeuchten Lagen. An den Boden stellen sie ähnliche Ansprüche: gleichmäßig feucht und humusreich, eher sauer bis neutral und mäßig nährstoffreich.

LvE-Tipp

Empfindlich beim Verpflanzen, gute Pflege erforderlich.

Juniperus chinensis 'Blue Alps'

CHINESISCHER WACHOLDER

Juniperus chinensis, der Chinesische Wacholder, stammt, wie der Name verrät, aus China und kommt dort niederliegend strauchartig oder aufrecht strauch- bis baumartig, mit bis zu 25 m hohen Exemplaren, vor. Dabei werden sowohl schuppen- als auch nadelförmige Blätter gebildet. Bei der Sorte 'Blue Alps' haben die stechenden, bis zu 1 cm langen Nadeln **blattoberseits eine intensiv blaugrüne Färbung, unterseits sind sie silbrig grau**. Im Lauf der Zeit entwickelt sich dieser Wacholder zu trichterförmigen, aufrechten Sträuchern von 2–4 m Höhe mit überhängenden Triebspitzen. Sie eignen sich hervorragend für den Formschnitt und lassen sich zu wunderbaren Garten-Bonsais formen. Allein die Nadelfarbe verlangt Fingerspitzengefühl bei der Verwendung dieser robusten immergrünen Gehölze. Alle sonnigen Standorte, mit durchlässigen trockenen bis frischen Böden, sind geeignet.

Juniperus scopulorum 'Blue Arrow'

RAKETEN-WACHOLDER

Möchte man mediterranes Toskana-Flair erzeugen, ist dieser säulenförmige Wacholder eine echte Alternative zur frostempfindlichen Zypresse. Die straff aufrechte Säulenform 'Blue Arrow' erreicht eine Höhe von 5–8 m, wird dabei aber nur maximal 1 m breit. Die schuppenförmigen Blätter des Raketen-Wacholders changieren von Bläulichgrau zu Blaugrün. Dieser Wachholder bildet blauschwarze, kleine Beerenzapfen. Das A und O ist ein sonniger Standort, denn Wacholder vertragen keinen Schatten. Ansonsten sind sie anspruchslos und wachsen auf allen trockenen bis frischen, sauren bis alkalischen und durchlässigen Böden. Wem die Nadelfarbe zu sehr ins Graublau spielt, der wähle *Juniperus chinensis* 'Spartan', eine Sorte des Chinesischen Wacholder. Sie bleibt zwar nicht ganz so schmal, hat jedoch frischgrüne Blätter.

Juniperus virginiana 'Canaertii'

CANAERT'S ZYPRESSEN-WACHOLDER

Beim Canaert's Zypressen-Wacholder handelt es sich um ein bislang eher unbekanntes Gehölz. Dabei entwickelt sich dieser *Juniperus* im aufgeasteten Zustand zu immergrünen, malerischen kleinen Bäumen von 5–7 m Höhe und 3 m Breite. **Während ihn in der Jungend ein dicht geschlossener Wuchs auszeichnet, bildet er im Alter eine locker aufgebaute Krone** mit überhängenden Triebspitzen. Die 1 cm großen, blauweiß bereiften Beerenzapfen haften sehr lange und stehen in attraktivem Kontrast zu den kräftig dunkelgrünen Schuppenblättern. Wie bei allen Wacholdern ist ein Platz in der Sonne unumgänglich, denn sie sind hitze- und windverträglich, mögen jedoch keinen Schatten. An den Boden stellen sie keine großen Ansprüche und sind anpassungsfähig. Sie gedeihen auf allen trockenen bis feuchten, durchlässigen Substraten.

LvE-Tipp

Die Sorte ist sehr schnittverträglich.

Picea abies 'Nidiformis'

NEST-FICHTE

Die Gewöhnliche Fichte, *Picea abies*, ist ein **kegelförmiger Großbaum, der durchaus eine Höhe von 60 m erreichen kann**. Es existieren jedoch viele Kulturformen, die in Größe, Wuchsform und Nadelfarbe abweichen. So auch die Sorte 'Nidiformis', die Nest-Fichte. Diese dichte und langsamwüchsige Zwergkonifere wird deutlich breiter als hoch. So kann sie nach Jahren eine Breite von 2–3 m bei einer Höhe von 1–2 m erreichen. Dabei hat das kissen- bis halbkugelförmig wachsende Gehölz mit den waagerecht angeordneten Zweigen dunkelgrüne, stechende Nadeln, die an den Zweigspitzen eng angeordnet sind. Der Boden sollte idealerweise frisch bis feucht, durchlässig und nicht zu nährstoffreich sein, der pH-Wert im Bereich sauer bis alkalisch liegen. Nest-Fichten bevorzugen sonnige bis absonnige Standorte und gelten als sehr frosthart.

Pinus

KIEFER

Kiefern zählen in China zu den „drei Freunden des Winters", gemeinsam mit der im Winter blühenden Kirsche und Bambus. Danach haben alle drei Gehölze Kraft und Ausdauer, dem harten Winter zu trotzen. **So steht die Kiefer für den Lebenskampf**, die Winterkirsche für Mut und der Bambus für Ausdauer – Hauptthemen der chinesischen Gartenkunst, die durch eine starke Symbolik geprägt wird.

Niedrige Sträucher oder Riesenbäume?

Kiefern bilden eine außergewöhnlich artenreiche Gattung. Über 110 Wildarten zählen zur Familie der Kieferngewächse (Pinaceae), von unzähligen gezüchteten Sorten ganz zu schweigen. Ihr natürliches Verbreitungsgebiet umfasst die gesamte Nordhalbkugel, dabei werden Kiefern heute, aufgrund ihrer positiven Eigenschaften für die Holznutzung, weltweit angebaut.

Die recht unterschiedlichen Wuchsformen der Kiefern entstanden im Laufe der Evolution mit der Anpassung an ihre Umgebung. Man findet von niedrigen, kissenförmigen Sträuchern bis hin zu baumförmigen Kiefern eine große Variabilität. *Pinus*-Arten wachsen im Gegensatz zu anderen Koniferen nicht streng kegelförmig, sondern können mit dem Alter malerische, fast schon bizarre Kronen entwickeln.

Auch die ältesten Pflanzen der Welt, *Pinus longaeva*, sind Kiefern. Einige Exemplare leben seit 4500–5000 Jahren in den White Mountains zwischen Nevada und dem Death Valley.

Die Gattung *Pinus* gilt als Pionierbaumart und kommt sogar auf nährstoffarmen, sandigen Böden zurecht. Ihre Bodenamplitude ist groß, so wachsen sie auf sehr trockenen Standorten bis hin zu nassen Mooren, und beim pH-Wert sind sie ebenfalls äußerst tolerant. Kiefern benötigen einen sonnigen Standort. Sie sind hitzetolerant und die meisten Arten auch ausreichend frosthart. Sie bilden eine Pfahlwurzel und ihre recht offene Krone bietet genügend Licht für eine Unterpflanzung. Gut geeignet sind beispielsweise Rhododendren.

Durch ihre interessante Borke wirken bei etlichen Arten die Stämme zweifarbig. Im unteren Stammbereich findet man eine dicke, plattige, graubraune Borke, während weiter oben eine dünne Spiegelrinde, oftmals in einer anderen Farbe, den Stamm bedeckt.

Zur Unterscheidung der Arten dient die Anzahl der Nadeln pro Kurztrieb. Es werden folgende Nadeltypen unterschieden: Die Nadeln stehen zu zweit, zu dritt oder zu fünft an den stark gestauchten Trieben. Dabei wird den zwei- oder dreinadeligen Arten eine höhere Anpassungsfähigkeit bescheinigt. Die Länge der Nadeln variiert beträchtlich, von 2,5 bis zu 50 cm Länge.

LvE-Tipp

Pinus sylvestris 'Glauca' hat eine fantastische, leuchtend orange-farbene Rinde.

Kiefern sind einhäusig, ihr Pollen wird mit dem Wind im zeitigen Frühjahr verbreitet. Aus den weiblichen Fruchtknoten entwickeln sich typische, spiralige Kieferzapfen, die bei einigen Arten eine beachtliche Größe von 60 cm erreichen können.

Einige besonders attraktive Sorten aus dem riesigen Sortiment der Kiefern: ***Pinus sylvestris* 'Norske'**, eine interessante Selektion der heimischen Wald-Kiefer, besticht durch ihre intensiv blaugrüne Nadelfarbe und die rotbraune Rinde. Sie wird, im Gegensatz zur Art, nur 10–15 m hoch und entwickelt eine malerische, aufgelockerte Krone. Auch ***Pinus banksiana*** (Banks-Kiefer) entwickelt sich zu einem mittelgroßen Baum mit einer Wuchshöhe von 12–15 m und einer unregelmäßigen, lockeren, abgeplatteten Krone im Alter. Ihre Nadeln sind etwas verdreht und frischgrün gefärbt. Auch ***Pinus contorta* 'Compacta'** (Dreh-Kiefer), weist diesen Drehwuchs bei den dunkelgrünen Nadeln auf. Sie wächst sehr langsam zu einem dichtbuschigen Strauch oder kleinen Baum von 4 m Höhe heran. Ihre Zapfen verbleiben lange am Baum und sie verliert nach dem Verpflanzen kaum Nadeln.

Zu den kleineren Kiefern gehört ***Pinus pumila* 'Nana'** (Zwerg-Zirbel-Kiefer). Entgegen ihrem deutschen Namen bleibt sie nicht zwergförmig, sondern bildet im Alter unregelmäßige, dichte Sträucher von 150 cm Höhe und fast ebensolcher Breite. Besonders attraktiv sind ihre blaugrünen Nadeln.

Kiefern lassen sich nicht so gut zurückschneiden wie Eiben, denn ihnen fehlt die Fähigkeit, am alten Holz wieder auszutreiben. Sie lassen sich jedoch problemlos „Aufasten“ und so zu Hochstämmen formen. Nutzt man Kiefern in der Flächenbegrünung, lassen sich durch einen regelmäßigen Rückschnitt dichte Kissen formen. Auch wundervolle Garten-Bonsais können aus Kiefern entstehen.

Taxus baccata 'Dovastoniana'

ADLERSCHWINGEN-EIBE

Diese Zuchtform der Europäischen Eibe (*Taxus baccata*) **entwickelt sich zu einem aufrechten Großstrauch oder kleinen Baum mit einer malerischen, ja fast schon majestätischen Anmutung** von 6–8 m Höhe. Der deutsche Name „Adlerschwinge" beschreibt die waagerecht verlaufenden Hauptäste mit den fahnenartig herabhängenden Seitenzweigen recht gut. Diese Pflanzen benötigen Platz, denn oftmals werden sie über 10 m breit. Doch ihr auffälliger Habitus, gepaart mit den dunkelgrünen Nadeln, macht sie zu einem herausragenden Solitärgehölz. Adlerschwingen-Eiben bevorzugen frische bis feuchte Gartenböden auf sonnigen bis halbschattigen Standorten. Und wie es sich für eine Eibe gehört, sind sie sehr schnittverträglich. Es finden sich neben der aufrechten Form auch Sträucher mit flach ausladendem Habitus.

Thuja occidentalis 'Smaragd'

ABENDLÄNDISCHER LEBENSBAUM

Thuja occidentalis 'Smaragd' ist eine **ideale Heckenpflanze**. Die immergrünen, dicht verzweigten Gehölze wachsen recht langsam, werden 3–5 m hoch und bleiben auch im Alter schmal kegelförmig. Dabei hat die Sorte 'Smaragd' beständig frisch- bis fast hellgrüne Schuppenblätter, die auch im Winter nicht ins Bronzefarbene wechseln. Ganz typisch ist der aromatische *Thuja*-Geruch. An den Boden stellen sie keine hohen Ansprüche, Hauptsache er ist nährstoffreich, von frisch bis nass und sauer bis alkalisch. Sie bevorzugen Standorte in Sonne bis Halbschatten, im tiefen Schatten sind sie wenig verzweigt mit geringer Blattmasse. Regelmäßig säulenförmig geschnitten funktioniert *T. occidentalis* 'Smaragd' als Ersatz für die nur bedingt frostharte Sorte der Echten Zypresse *Cupressus sempervirens* 'Stricta'.

Thuja plicata 'Excelsa'

RIESEN-LEBENSBAUM

Riesen-Lebensbäume (*Thuja plicata*) entwickeln sich zu beeindruckenden kegelförmigen Koniferen, die in ihrer Heimat Nordamerika Wuchshöhen von 50–70 m erreichen können und äußerst schnell wachsen. Hierzulande bleiben sie mit 15 m Höhe deutlich niedriger. Bei der Sorte 'Excelsa' behalten die schuppenförmigen Blätter auch im Winter ihre glänzend frischgrüne Farbe und verfärben sich nicht Braun. Außerdem weicht ihr Habitus von der Art ab, ihre Äste sind bogig aufstrebend. Riesen-Lebensbäume gelten als schattentolerant, wachsen aber durchaus an sonnigen Standorten, wenn die Umgebung kühl und luftfeucht ist. Sie bevorzugen schwach saure Böden, die gerne tiefgründig und nährstoffreich sein dürfen. Interessanterweise wird *T. plicata* im englischen Sprachraum als „Western Red Cedar" bezeichnet und viele angebliche „Zedernholz"-Produkte werden aus dem Holz von *T. plicata* gefertigt.

Tsuga canadensis

KANADISCHE HEMLOCKTANNE

Die Kanadische Hemlocktanne gehört, anders als ihr deutscher Name vermuten lässt, nicht zu den Tannen, sondern es handelt sich um eine eigene Gattung mit 8 Arten, die gern auf feuchten Standorten vorkommt. *Tsuga canadensis* entwickeln sich in Deutschland zu locker aufgebauten, mittelhohen Bäumen von 12–15 m Wuchshöhe. Oft haben sie einen malerischen Habitus: mehrstämmige gebogene Hauptstämmen mit horizontal verlaufenden Ästen und überhängenden Zweigspitzen. Ihre zierenden, kleinen Zapfen hängen an den Zweigen mit glänzend dunkelgrünen und recht kurzen Nadeln. *Tsuga* wächst idealerweise auf allen frischen bis feuchten, sandig-humosen bis sandig-lehmigen Substraten und meidet schwere Böden. Dabei sollte der pH-Wert im sauren bis maximal neutralen Bereich liegen. Sonnige bis halbschattige Lagen sagen ihr zu.

LvE-Tipp

Die drei Ts: Neben *Taxus* und *Thuja* ist *Tsuga* eines der schnittverträglichsten Nadelgehölze.

4 VON KLASSI UND MULTI

KERN TALENTEN

Welcher Gartendesigner kennt diese Anforderung nicht? Ein pflegeleichter Garten soll es werden! Will man also den Pflegeaufwand im Garten reduzieren, kommen die robusten und widerstandsfähigen Gehölze ins Spiel. Großflächig eingesetzt und in Form geschnitten sind sie hervorragende Flächenbegrüner, die nicht viel Arbeit machen. Damit diese Art der Gartengestaltung nicht zu monoton wirkt, können die sogenannten „Multitalente“ für Abwechslung sorgen. Als „Multitalent“ wird ein Gehölz bezeichnet, das zu jeder Jahreszeit ein optisches Highlight in Form von Blüten, Früchten, Rinde oder Herbstfärbung hervorbringt. Doch die Auswahl ist groß und das Sortiment unübersichtlich. Hinzu kommt, dass neu auftretende Schädlinge den Einsatz von manchen Gehölzen, teilweise auch Klassikern, nicht mehr zuverlässig macht. So beim Buchsbaum. Der Buchsbaumpilz, *Cylindrocladium buxicola*, und der Buchsbaumzünsler, *Cydalima perspectalis*, schädigen in den letzten Jahren die Gehölze derartig, dass eine Verwendung nur noch eingeschränkt zu befürworten ist.

FASZINATION FLÄCHE | ZEIT SPAREN IM GARTEN

Schon Goethe ließ seinen Mephisto im Faust sagen: „Grau treuer Freund ist alle Theorie und Grün des Lebens goldener Baum", und wer empfindet das nicht so? Der Blick ins Grüne beruhigt gestresste Nerven und inspiriert gleichermaßen. Ein Spaziergang im Wald schärft die Sinne, wirkt erfrischend und vitalisierend. Grün symbolisiert die Hoffnung und hilft, Körper und Seele ins Gleichgewicht zu bringen.

Ganz und gar nicht eintönig

Auf den ersten Blick ist natürlich auch eine Rasenfläche, zumindest im Sommer, grün. Sie ist in der Herstellung deutlich günstiger als großflächig mit Gehölzen bepflanzte Flächen. Mit dem Begriff „Flächenbegrünung" sind nicht jene Restflächen gemeint, die mit *Cotoneaster* vollgestopft und von Gras durchwachsen einen jämmerlichen Anblick bieten. Es geht vielmehr um die flächendeckende Gestaltung aus hochwertigen, meist langsam wachsenden Gehölzen, in Form geschnitten und mit Solitärgehölzen ergänzt. Also ein Plädoyer für eine grüne Vielfalt statt monotoner Rasenfläche.

Bei einer Flächenbegrünung reicht die Farbpalette von Gras-, über Neon- bis zu Tannengrün und auch die Blüte kommt nicht zu kurz. Gehölzpflanzungen lassen sich wunderbar mit Frühjahrsblühern ergänzen, denn die Gehölze verbergen das braune Laub der Geophyten (Zwiebelgewächse), während diese sich in den Boden zurückziehen. Begrünung funktioniert bei der richtigen Pflanzenauswahl sogar im Schattenbereich von Bäumen oder Gebäuden. Ganz nebenbei schützt flächiges Grün mit seinem intensiven Wurzelwerk den Boden vor Erosion, produziert organische Substanz und fördert das Bodenleben. Kurzum: Gehölze und Stauden sorgen für Biodiversität.

Stickstoff-Fixierung

Der im Boden befindliche Stickstoff (N) wird von den Mikroorganismen beim Abbau der organischen Substanz zum Aufbau ihrer Biomasse verwendet und steht damit den Pflanzen nur zum Teil zur Verfügung. Die Gleichung besagt: Wird viel organische Masse zugeführt, wird auch viel Stickstoff von den Bakterien verbraucht. Daher sollte bei der Verwendung von organischen Mulchmaterialien wie Rindenhäcksel, Rindenmulch oder Stroh unbedingt auf ein günstiges Kohlenstoff-Stickstoff-Verhältnis (C/N-Verhältnis) geachtet werden, sonst kann es zu Stickstoffmangel bei den Gehölzen kommen. Eine rechtzeitige Gabe von Stickstoffdüngern, am besten noch vor dem Mulchen, kann diesen Mangel verhindern.

Pflegeleichte Flächenbegrünung

Ein weiterer positiver Effekt ist die Pflegeextensität einer flächigen Bepflanzung. Muss eine Rasenfläche mindestens 30 Mal im Jahr gemäht werden, um einen gleichmäßig dichten Rasen zu erhalten, benötigen eingewachsene, dichte Gehölzflächen meistens nur einen Rück- oder Formschnitt im Jahr. Hier ist es egal, ob es sich um eine amorphe Form oder eine kubisch geschnittene Fläche handelt. Im Gegenteil, die Kombination der verschiedenen Formen schafft Spannung und Vielfalt und ganzjährig attraktive Flächen. Auch unterschiedliche Texturen, beispielsweise eine Kombination von Gräsern mit geschnittenen Grünflächen, sowie Kompositionen von laubabwerfenden und immergrünen Gehölzen oder Solitärgehölzen sind zu jeder Jahreszeit reizvoll, und auf den geschnittenen Flächen spiegelt sich das Licht ähnlich wie auf einer Wasserfläche.

Hervorragend als Flächenbegrüner geeignet: Japanische Azaleen. Trotz des regelmäßigen Formschnitts blühen sie überreich, wenn auf ein lockeres und humoses Substrat im sauren Bereich geachtet wird.

Gehölze im Container können ganzjährig in den frostfreien Boden gepflanzt werden; eine empfehlenswerte Zeit ist der Spätsommer. Nach gründlicher Entfernung von Wildkräutern, besonders von Wurzelunkräutern wie Quecke und Co., bleibt den Pflanzen noch genügend Zeit um einzuwurzeln.

Eine Bodenverbesserung mit organischen Stoffen wie beispielsweise zertifiziertem Kompost ist ratsam. Organische Stoffe dürfen jedoch niemals tiefer als 30 cm eingebracht werden, sonst können aufgrund von Sauerstoffmangel Fäulnisprozesse einsetzen. Der pH-Wert des Bodens sollte bei der Auswahl der Gehölze beachtet werden.

Die Pflanzdichte richtet sich nach Wuchsverhalten und -geschwindigkeit sowie der Frage: Wie schnell soll die Fläche geschlossen sein? Entscheidend für ein schnelles Wachstum und den Erfolg der Begrünung ist die regelmäßige Pflege nach dem Pflanzen.

Oberstes Gebot: Ein Verunkrauten der Flächen vermeiden und ganz wichtig, regelmäßig wässern! Empfehlenswert ist nach der Pflanzung ein Mulchen mit Rinde, Lava oder Kies. Bei der Verwendung von organischen Mulchmaterialien muss auf ausreichend Stickstoff im Boden geachtet werden.

„Der Wert des Grüns“

Zahlreiche Untersuchungen zeigen, dass hochwertige Grünanlagen Gebäude aufwerten und gepflegtes Grün den Wert von Immobilien steigert. Nicht umsonst werben Immobilien-Anzeigen oft mit dem Slogan „Wohnen am Park“ oder ähnlichen Hinweisen auf eine Grünfläche in der Nähe der Immobilie. Wichtiger Aspekt aller Studien: Den Befragten war in diesem Zusammenhang immer ein guter Pflegezustand der Grünflächen wichtig.

VERWENDUNG

Wolkenförmige, immergrüne Formationen aus verschiedenen Grüntönen leiten durch den Vorgarten. Eine Kombination aus immergrünen und laubabwerfenden Gehölzen sorgt für wechselnde Bilder im Lauf der Jahreszeiten.

Eine Flächenbegrünung muss nicht immer schnurgerade geschnitten sein. Hier sorgen die amorphen Formen von *Taxus baccata* (Eiben) für einen ganzjährig attraktiven Eingangsbereich.

Azalea

JAPANISCHE AZALEEN

Zur großen Gattung der *Rhododendron* gehörend, werden unter dem Sammelbegriff Japanische Azaleen niedrige, kompakte, meist wintergrüne Zwerg- bis Halbsträucher zusammengefasst. Schon seit über 400 Jahren werden diese Azaleen in Ostasien kultiviert und von den Züchtern auf Blütenreichtum und einen dichten, kompakten Wuchs ausgelesen. Dabei sind **hervorragende Flächendecker** entstanden, die, trotz regelmäßigen Schnitts, mit intensiv leuchtenden Blüten in Rosa über Pink bis hin zu Lila-Nuancen, zum Teil auch weiß-rosa gestreift, überzeugen. Darüber hinaus punkten sie, je nach Sorte, im Herbst durch ihre gelborangefarbene Herbstfärbung. Am liebsten stehen sie in lockeren, humosen, sauren Böden an einem kühl-luftfeuchten und absonnigen Standort. In der Sonne verblassen die Blüten leider recht schnell und welken. Die Japanischen Azaleen lassen sich beliebig in Form schneiden.

Cornus sericea 'Kelsey'

ZWERG-HARTRIEGEL

Diese nur etwa 75 cm hohe, sommergrüne Hartriegel-Sorte überzeugt besonders in den Wintermonaten als wunderbarer Flächendecker. **Regelmäßig zurückgeschnitten leuchten ihre einjährigen dünnen Zweige** weithin in warmem Rotbraun und bringen, großflächig eingesetzt, Farbe ins winterliche Grau. Die Rinde ihrer Triebe changiert von Rotbraun über Rot und hellt an der Basis zu Orangegrün bis Grün auf. An den Boden stellt dieses Gehölz keine besonderen Ansprüche, lediglich zu trockene Standorte sagen ihm nicht übermäßig zu. Der regelmäßige Rückschnitt ist jedoch die Voraussetzung für das winterliche Farbspektakel, denn nur die jungen Triebe zeigen die intensive Färbung der Rinde.

Euonymus fortunei

IMMERGRÜNE KRIECHSPINDEL

Die Wildart dieser in ihrer Flexibilität bemerkenswerten Sträucher kommt aus den Wäldern Südostasiens. Die Vielfalt der Sorten zeigt sich zum einen in der Blattgröße und -zeichnung: Beispielsweise hat 'Vegetus' fast 4 cm große, dunkelgrüne Blätter, 'Minimus' nur 0,5 cm große Blätter. Und es existieren viele Formen mit weiß-grün oder gelb-grün gefärbten Blattspreiten. Den panaschierten Sorten gefällt ein Standort in der Sonne besser, da hier die Blattfärbung deutlicher ausgebildet wird. „Grüne" Sorten hingegen lassen sich auch auf halbschattige bis schattige Standorte ein. Aber nicht nur bezüglich des Blattes variieren die Sorten, sondern auch in ihrem Habitus: Zum Teil handelt es sich um kletternde Gehölze, die bis zu 6 m hoch hinauswollen. **Alle Spielarten lassen sich in der Jugendform hervorragend schneiden.** Grundsätzlich gilt: Je eher mit dem Rückschnitt begonnen wird, desto besser.

Ilex crenata 'Stokes'

BERG-ILEX

Die Wildform des Berg-Ilex (*Ilex crenata*, Japanische Stechpalme) wird 2–3 m hoch und kommt, wie so viele Gehölze, aus Japan. Der immergrüne Strauch, besonders die Sorte 'Stokes', ist dem Buchsbaum sehr ähnlich, wird allerdings nur etwa 80 cm hoch, dafür bis zu 100 cm breit. Diese Gehölze wachsen nur etwa 5–10 cm pro Jahr, sind dicht verzweigt und lassen sich problemlos schneiden. **Das hellgrüne, glänzende und dichte Laub macht die Sorte 'Stokes' äußerst attraktiv.** Im Gegensatz zum Buchs ist sie sehr gesund, bevorzugt saure bis neutrale, humose Böden, gern nährstoffreich, und meidet Staunässe. Ob in sonniger oder schattiger Lage, wenn die Bodenbedingungen stimmen, ist sie an jedem Standort ein fantastischer Flächenbegrüner.

LvE-Tipp

Beginnen Sie frühzeitig mit dem Schnitt, Berg-Ilex ist etwas frostempfindlicher als Buchs.

Leucothoe walteri

GEBOGENE TRAUBENHEIDE

Die immergrüne Gebogene Traubenheide, auch als Gebogene Traubenmyrte bezeichnet, ist **als Flächendecker eine besondere Augenweide**. Dieser langsam wachsende, bis zu 1 m hohe und bogig ausgebreitete Kleinstrauch punktet mit seinem wunderbaren Laub. Die purpur- bis weinrot austreibenden, lanzettlichen Blätter werden im Sommer glänzend grün, um sich dann im Winter wieder intensiv rot zu verfärben. Hinzu kommen nach Honig duftende, weiße Blütentrauben im Sommer. Bei ausreichender Feuchtigkeit im Boden werden auch sonnige Standorte vertragen, sonst bevorzugen Traubenheiden lichten Schatten bis Schatten. *Leucothoe walteri* wächst sogar im Wurzelbereich von Gehölzen, allerdings sollte auf saure und humose, also rhododendronähnliche Bodenverhältnisse geachtet werden. Die Sorte 'Scarletta' besticht durch ihren intensiv scharlachroten Austrieb.

Lonicera nitida 'Maigrün'

IMMERGRÜNE HECKENKIRSCHE

Zur Gattung *Lonicera* werden mehr als 200 Arten gerechnet, die **sowohl sommer- als auch wintergrün** sind und zahlreiche Varianten im Wuchs zeigen. Für die Flächenbegrünung werden häufig *Lonicera nitida* eingesetzt. Die Sorte 'Maigrün' zeichnet sich durch ihre ausgezeichnete Schnittverträglichkeit, ihr hellgrünes Blatt und eine gute Frosthärte aus. Dieser niedrige, vieltriebige, immergrüne Strauch ist, regelmäßig geschnitten, ein gleichmäßig dichter, frischgrüner Flächendecker, der alle Gartenböden toleriert. Auch an die Lichtverhältnisse werden keine großen Ansprüche gestellt, hier reicht die Amplitude von sonnig bis schattig. Im Mai erscheinen die zwar unscheinbaren, aber stark duftenden Blüten.

Pinus mugo subsp. *mugo*

GEWÖHNLICHE BERG-KIEFER

Die immergrüne Gewöhnliche Berg-Kiefer, auch unter dem Namen Latsche oder Leg-Föhre bekannt, ist eine Selektion von *Pinus mugo*, der Krummholz-Kiefer, und wächst mehr in die Breite als in die Höhe. **Ihre Stämme liegen am Boden oder streben bogig nach oben.** Ursprünglich kommen *Pinus mugo* subsp. *mugo* aus den subalpinen Krummholzzonen der europäischen Hochgebirge. Hier besiedeln sie auf 1000–2700 m Höhe stellenweise ausgedehnte Flächen. Gewöhnliche Berg-Kiefern bleiben am natürlichen Standort aufgrund der Umweltbedingungen wie kurze Vegetationszeit, Schneedruck und starker Wind niedrig und strauchartig. Werden sie jedoch ins Flachland gepflanzt, hat sich schon mancher Gartenbesitzer über seine bis zu 8 m hohe Berg-Kiefer gewundert. Aufgrund ihrer Herkunft sind sie kalkverträglich, genügsam und kommen auf jedem Boden zurecht, jedoch nur an sonnigen Standorten. Sollen die Gehölze als Flächendecker eingesetzt werden, empfiehlt es sich, schon bei jungen Pflanzen mit dem Schnitt zu beginnen. Beim Rückschnitt können entweder die Seitentriebe eingekürzt oder die jungen Mitteltriebe ausgebrochen und somit die schwächer wachsenden Seitentriebe stehengelassen werden.

Prunus laurocerasus 'Mount Vernon'

KIRSCHLORBEER

Kirschlorbeer ist nicht gleich Kirschlorbeer. Vom Bodendecker der Sorte 'Mount Vernon' bis zum kleinen Baum, beispielsweise die Sorte 'Caucasica', ist bei dieser Gattung alles vertreten. Die anspruchslosen Gehölze, die auch Lorbeerkirsche geannnt werden, rangieren nicht von ungefähr auf **Platz eins unter den Top-Ten der beliebtesten immergrünen Laubgehölze** und eignen sich hervorragend zur Begrünung ganzer Flächen. Hier sollte man auf flach ausgebreitete Sorten wie 'Mount Vernon' setzen. Die glänzenden, dunkelgrünen Blätter des Kirschlorbeers erinnern an den echten Lorbeer (*Laurus nobilis*), woher sich wohl auch der deutsche Name ableitet. Die Früchte sind in rohem Zustand giftig. Die Sträucher bevorzugen sonnige bis schattige Standorte und gelten als hitzeverträglich. Sie gedeihen auf allen mäßig trockenen bis feuchten, nährstoffreichen Gartenböden im schwach sauren bis alkalischen Bereich.

LvE-Tipp

Kirschlorbeer regeneriert sich gut bei Frostschäden. Die Frosthärte der einzelnen Sorten ist recht unterschiedlich.

Pyracantha coccinea

EUROPÄISCHER FEUERDORN

Ein unterschätztes Gehölz ist der Europäische Feuerdorn. Die winter- bis immergrünen Sträucher weisen viele gute Eigenschaften auf, die sie zu perfekten Flächenbegrünern werden lässt. So stellen sie an den Boden keine großen Ansprüche, vertragen schwach saure bis stark alkalische Standorte, tolerieren sowohl Trockenheit als auch Hitze und können durch Schnitt in jede Form gebracht werden. Je höher der Kalkgehalt im Boden, umso mehr Trockenheit wird vertragen, ein hoher Nährstoffgehalt vermindert die Frosthärte. **Die Gehölze punkten durch ihren frischen Austrieb, den schneeweißen Blütenflor und einen wunderbaren Fruchtschmuck**, der bis weit in den Winter die Vögel ernährt. Ihre Früchte gelten für Menschen als schwach giftig. Die langen Dornen schützen Vögel vor Katzen, Mardern und anderen Feinden.

LvE-Tipp

Flach wachsende und frostharte Sorten sind für die Flächenbegrünung im Handel.

Rhododendron micranthum 'Bloombux'®

RHODODENDRON

Hervorgegangen aus zwei *Rhododendron*-Wildarten, *R. micranthum* × *R. hirsutum*, macht die Sorte 'Bloombux'® seit einiger Zeit als Buchsersatz von sich reden. Das immergrüne, relativ kleine Blatt und der frischgrüne Austrieb erinnern stark an den beliebten Buchsbaum. Der kleine *Rhododendron* ist sehr wüchsig, dicht, kompakt und wird bis zu 100 cm hoch. Er lässt sich gut schneiden. **Von Mai bis Juni verwandelt sich der Rhododendron in einen zartrosa Blütentraum**, daher ist ein Schnitt erst nach der Blüte zu empfehlen. Da es sich beim *Rhododendron* 'Bloombux'® um eine INKARHO®-Veredlung handelt, freuen sich diese zwar auch über einen lockeren und durchlässigen Boden, tolerieren aber auch Standorte im nicht sauren Bereich. Im Gegensatz zum Buchsbaum ist er sehr gesund, allerdings hat eine flächendeckende Pflanzung ihren Preis.

Taxus baccata 'Repandens'

KISSEN-EIBE

Bei *Taxus baccata* 'Repandens' handelt es sich um ein dunkelgrünes Nadelgehölz **mit einer sehr dekorativen Wuchsform**. Flach ausgebreitet und fast waagerecht wachsen die Äste dieser Sorte der Europäischen Eiben (*Taxus baccata*) über den Boden und hängen am Ende lässig über. Der Kleinstrauch mit dem passenden Namen Kissen-Eibe wird lediglich 70 cm hoch, kann aber im Laufe der Jahre eine Breite von 3 m erreichen. Robust und trockenheitsverträglich, akzeptiert die Eiben-Sorte sogar Standorte im Wurzelbereich von Bäumen und kommt auf allen Böden zurecht. Am liebsten steht sie allerdings schwach sauer bis alkalisch, mäßig trocken bis feucht. Wie alle Eiben ist sie gut schnittverträglich und treibt aus dem alten Holz willig wieder aus. Ein sehr guter Buchs-Ersatz.

Thuja occidentalis 'Danica'

KUGEL-LEBENSBAUM

Bereits 1948 wurde diese Zwergform des bekannten Abendländischen Lebensbaums (*Thuja occidentalis*) in Dänemark selektiert. **Der flachkugelige, hellgrüne Strauch wächst extrem langsam** und braucht an die 20 Jahre, um eine Höhe von 50 cm und eine Breite von 80 cm zu erreichen; so muss der Kugel-Lebensbaum kaum in Form geschnitten werden. Die immergrünen, glänzend frischgrünen, schuppenförmigen Blätter sind sehr dicht angeordnet und färben sich im Winter leicht bronzefarben. Gerne stehen die *Thuja*-Zwerge auf nährstoffreichen Substraten in der Sonne, doch auch Halbschatten wird toleriert. An den Boden stellen sie ebenfalls keine großen Ansprüche: frisch bis feucht und sauer bis alkalisch sollte er sein.

WAHRE MULTITALENTE | VIER-JAHRESZEITEN-GEHÖLZE

Das Gerüst einer Pflanzung wird von den Bäumen und Sträuchern gebildet. Ein sorgfältiges Arrangement der Gerüstpflanzen garantiert spannende und sich immer wieder wandelnde Perspektiven im Jahresverlauf. Für eine nachhaltige Gestaltung stellen sich die Fragen: Wer eignet sich als Solist? Welche Multitalente punkten mit mehr als einem Argument? Mit welchen Proportionen und Wuchsformen lassen sich die gewünschten Effekte erzielen?

Was ist ein Vier-Jahreszeiten-Gehölz?

In diesem Kapitel kommen die „Vier-Jahreszeiten-Gehölze" ins Spiel, die, über das Jahr verteilt, in mehr als nur einer Kategorie überzeugen und in vielerlei Hinsicht als Blickfänger im Garten erscheinen. Neben sensationellen Blüten, Früchten, Herbstfärbung oder interessanten Rinden haben diese Sträucher oft einen malerischen Wuchs, der Akzente setzt. Die Einteilung in vier Jahreszeiten sollte nicht zu streng erfolgen, denn je nach Witterungsverlauf können verschiedene Höhepunkte nahezu parallel verlaufen.

Baum oder Strauch?

Im Unterschied zu den Bäumen bilden Sträucher keinen durchgehenden Hauptstamm mit einer Krone, sondern verzweigen sich aus bodennahen Knospen. Botaniker sprechen hier auch von einem „basitonen Wuchs". Es entstehen fortlaufend neue Triebe, die älteren Zweige sterben nach und nach ab. Daher werden Sträucher in der Regel auch nicht in Form geschnitten, sondern an der Basis ausgelichtet. Bei allen Gehölzen ist der innere Aufbau jedoch gleich. Die mechanische Festigkeit von Stamm und Zweigen wird durch die Einlagerung von Lignin erreicht. Hier kann es durch äußere Einflüsse wie Wind oder schräges Einpflanzen zu bizarren Verformungen (z. B. Windflüchtern) kommen. Im Inneren der Zweige sorgen Tracheen für den Transport von Wasser und Nährstoffen. Sträucher sind ausdauernde Gehölzpflanzen, die bodendeckend oder aufrecht wachsen können. Dabei existieren sommer-, winter- oder auch immergrüne Varianten.

Solitärsträucher entfalten erst im Laufe der Jahre ihre wahre Pracht. Gerade die malerischen Formen wachsen oft sehr langsam und es dauert Jahrzehnte bis sich ihr charakteristischer Habitus ausbildet – vielfach finden sich darunter mehrstämmige Exemplare. Der unterschiedliche Habitus der Gehölze sorgt für Spannung im Beet, jedoch gilt wie so oft: Weniger ist mehr. Es empfiehlt sich eine Bepflanzung nicht zu überladen, sondern Gehölze gezielt einzusetzen und mit Wiederholungen zu arbeiten. Zwei gleiche Sträucher können einen Durchgang markieren, drei Solitäre eine Grundstücksgrenze, und bereits mit sechs Bäumen lässt sich die Anmutung einer Allee erzielen.

Die Mischung macht's ...

Bei der Pflanzplanung sollte nicht außer Acht gelassen werden, dass die meisten sommergrünen Gehölze aus klimatischen Gründen für 5–6 Monate auf ihre Blätter verzichten. In dieser Zeitspanne müssen andere Parameter wie eine auffällige Rinde oder ein malerischer Wuchs für Abwechslung im Beet sorgen. Hier kann die Kombination mit immergrünen Gehölzen eine Alternative bieten. Die meisten Immergrünen sind zwar ganzjährig attraktiv, jedoch fehlen die jahreszeitlichen Höhepunkte, daher lassen sich die Jahreszeiten durch eine Kombination mit den sommergrünen Gehölzen besser erleben.

Tipps dazu finden Sie im Kapitel „Immergrüne".

Blüte im Garten

Eine ganzjährige Blüte ist möglich. Geschickt ausgewählt lässt sich die Blütezeit mit winter- und sommerblühenden Gehölzen, Stauden, Geophyten und einjährigen Pflanzen verlängern. Verwenden Sie öfterblühende Arten und Sorten und wählen Sie die Standorte der Gehölze in Hinblick auf die Jahreszeit. So sollten winterblühende Pflanzen in direkter Hausnähe oder an einem Weg zu finden sein, während die Sommerblüher auch an schattigen Orten gut zur Geltung kommen.

Was zeichnet ein Multitalent aus? Eine reiche Blüte, Früchte, die sensationelle Rinde oder ein malerischer Wuchs? Vielleicht sogar alles zusammen!

VERWENDUNG

Spannende Kontraste: Strenge Eiben-Quader ergänzen die bizarre Gestalt der *Heptacodien*, zu Deutsch Sieben-Söhne-des-Himmels-Strauch. Ein fantastischer Spätsommerblüher (Bienenweide) mit interessanter Rinde.

Traumhafte Solisten: Der malerische Wuchs der schirmförmigen *Amelanchier lamarckii* (Felsenbirne) setzt Akzente und wächst den Besitzern nicht über den Kopf. Gekonnt in Szene gesetzt und illuminiert, wirken diese Formengehölze auch in der dunklen Jahreszeit.

Aesculus parviflora

STRAUCH-ROSSKASTANIE

Von Juli bis August überrascht dieser spektakuläre Sommerblüher mit auffälligen, weißen Blütenrispen, die hübsch mit den roten Staubbeuteln kontrastieren. Interessanterweise beginnen die Blüten erst abends zu duften, da die Gehölze auf eine Bestäubung durch Nachtschmetterlinge setzen. Neben dem bronzefarbenen Austrieb zeigt *Aesculus parviflora* ab Oktober eine kräftig gelbe oder gelbgrüne Herbstfärbung. Eher selten finden sich die gelbbraunen, 2–3 cm großen, stachellosen Kapselfrüchte. Strauch-Rosskastanien eignen sich nicht für kleine Pflanzflächen. Sie wachsen zwar langsam, bilden aber mit der Zeit durch unterirdische Ausläufer vieltriebige, etwa 4 m hohe Dickichte. Die Gehölze stehen idealerweise in Sonne bis Halbschatten und bevorzugen frische bis feuchte Standorte in allen Gartenböden.

Amelanchier laevis

KAHLE FELSENBIRNE

Bei der Kahlen Felsenbirne handelt es sich um einen weiteren Vier-Jahreszeiten-Vertreter aus der vielseitigen Gattung der Felsenbirnen. **Während des bronzefarbenen Austriebs verschwindet der Strauch in einem weißen Blütenmeer aus lockeren Blütentrauben.** Bereits im Sommer erscheinen die essbaren rötlichen Beeren, die auch bei den Vögeln sehr beliebt sind. Die Felsenbirne wird schon bei den Kelten erwähnt und der keltische Wortstamm „amelanche“ bedeutet „Äpfelchen“. Im Herbst folgt eine fantastische Laubfärbung von Gelb, über Orange bis hin zu Rot. Auch im Wuchs ist die Kahle Felsenbirne ein Hingucker. Oft finden sich mehrstämmige Exemplare mit schöner grauer Rinde. Sie wächst breit-aufrecht und ist locker verzweigt, häufig mit überhängenden Zweigspitzen. Mit 5–8 m in der Höhe bleibt sie etwas kleiner als die Kupfer-Felsenbirne (*Amelanchier lamarckii*). Nährstoffreiche, schwach saure Böden in Sonne bis lichtem Schatten sind ideale Wachstumsfaktoren.

Cornus kousa, C. florida, C. nuttallii

BLUMEN-HARTRIEGEL

Zu unseren schönsten und kostbarsten Blütensträuchern gehören die Blumen-Hartriegel-Arten, *Cornus kousa, C. florida, C. nuttalii* und ihre diversen Züchtungen. Sie zählen zur Gattung der Hartriegel, die etwa 45 Arten sommergrüner Sträucher umfasst. *C. kousa* subsp. *kousa* wächst in Japan und Korea, während *C. kousa* subsp. *chinensis* in der Volksrepublik China und Taiwan beheimatet ist. Im natürlichen Verbreitungsgebiet kommen die Pflanzen an Waldrändern und Flussufern vor. Sie gelten als das asiatische Pendant zu *C. florida*, der ursprünglich aus Nordamerika stammt. Neben der fantastischen Blüte und Herbstfärbung verlangt schon der Wuchs dieser außergewöhnlichen Blütensträucher oder Kleinbäume nach einer Einzelstellung. Bei einer Höhe von 4–7 m sind ihre Zweige waagerecht angeordnet und bilden eine individuelle, oft trichterförmige Krone. Der dritte im Bunde, *C. nutallii*, auch Pazifischer Blüten-Hartriegel genannt, verlangt hohe Luftfeuchtigkeit und geschützte Plätze. Am richtigen Standort entwickelt er sich über Jahre zu einem edlen, oft mehrstämmigen, malerischen Großstrauch.

Ein interessantes botanisches Phänomen ist die Blüte dieser exquisiten Sträucher. Sie erscheint nach dem Laubaustrieb im Mai bis Juni, steht in wunderbarem Kontrast zu den sattgrünen Blättern und die Gehölze erscheinen „wie mit Schnee bedeckt“. Dabei handelt es sich um sogenannte „Scheinblüten“, denn die eigentliche Blüte ist sehr einfach, mit bis zu 40 kleinen, grüngelben Blüten in Dolden von etwa 1 cm Durchmesser. Diese sind jedoch von vier auffälligen weißen, creme- oder rosafarbenen, etwa 8 cm großen Hochblättern, den sogenannten Brakteen umgeben. Während der langen Blütezeit verfärben sich die weißen Hochblätter langsam in zarte Rosatöne. Inzwischen gibt es zahlreiche Züchtungen, die sich besonders um die Größe der Hochblätter verdient gemacht haben. *C. kousa* subsp. *chinensis* blüht ungefähr vier Wochen später als *C. florida*. Wenn man alle vier Blumen-Hartriegel-Typen in einer Gruppe zusammenpflanzen würde, ergäbe sich ein Dauerblüheffekt von Mai bis Juli. Jedoch sollte man beachten, dass die Blumen-Hartriegel erst in einem Alter von etwa 10 Jahren in vollem Umfang blühen. Solitärgehölze aus der Baumschule können die Wartezeit verkürzen.

Ab dem Spätsommer erscheinen die lang gestielten, himbeerähnlichen, rosa bis roten Früchte. Sie sind essbar, haben jedoch eine gelartige Konsistenz, so dass sie in Asien nur zu einer Art Fruchtlikör verarbeitet werden. Neben den interessanten Früchten sorgt die Herbstfärbung für einen weiteren Höhepunkt im Garten. Das edle Grün der leicht gewellten Blätter wechselt dabei zu einer lang anhaltenden Herbstfärbung in leuchtendem Rot. Blumen-Hartriegel bevorzugen eine sonnige bis halbschattige Lage auf frischen sandig-humosen oder sandig-lehmigen Böden mit saurem bis neutralem pH-Wert. Aufgrund ihrer Herkunft mögen sie keine heißen, lufttrockenen Standorte, dafür aber lichtschattige, luftfeuchte Lagen. Dabei verträgt die asiatische Variante *C. kousa* mehr Trockenheit als der Amerikaner *C. florida*. Auf schweren Böden sind diese Sträucher eher trägwüchsig.

Euonymus hamiltonianus subsp. sieboldianus

HIMALAYA-SPINDELSTRAUCH

In der Gattung der Pfaffenhütchen, zu der auch der Himalaya- oder Siebolds Spindelstrauch gehört, finden sich keine beeindruckenden Blütengehölze. Vielmehr geht es um ihre interessante Wuchsform, die phänomenale Herbstfärbung und ihren beeindruckenden Fruchtschmuck. Aus dem Holz der europäischen Pfaffenhütchen wurden früher Orgelpfeifen und Spindeln hergestellt. Aus dieser Zeit stammt noch die Bezeichnung Spindelstrauch. Der Himalaya-Spindelstrauch blüht von Mai bis Juni eher unauffällig, gilt allerdings als Bienenweide. Je nach Sorte erscheinen ab August seine eindrucksvollen creme- oder rosafarbenen Fruchtstände, dabei springen die Fruchtkappen auf und geben die orange- bis rosaroten ummantelten Samen, die an dünnen Fäden hängen, frei. Der Strauch beeindruckt nicht nur durch seinen dekorativen Fruchtschmuck, sondern auch durch seine **fantastische Herbstfärbung in Orange bis Rot**. Er bevorzugt sonnige bis halbschattige Standorte und stellt keine großen Ansprüche an den Boden.

Hamamelis × intermedia

HYBRID-ZAUBERNUSS

Hamamelis verzaubern uns mit einer Blüte im Winter. Die Gehölze rollen ihre fadenförmigen Blütenblätter bei Sonnenschein und milden Temperaturen aus, bei starken Frösten und Schnee wieder ein. Die intensive Züchtungsarbeit hat eine Vielzahl von Sorten hervorgebracht, dabei variieren die **Blütenfarben von Hellgelb über Orange bis zu Karminrot**. Die Blütenpetalen sind zum Teil sehr fein, so dass gelbe und orangefarbene Sorten die größte Fernwirkung erzielen. Es empfiehlt sich, diesen exklusiven und sehr langsam wachsenden Sträuchern einen Platz in der Nähe des Hauses oder an einem Weg zu reservieren, damit die Blüten im Winter überhaupt zur Geltung kommen. Während des Sommers ist die Zaubernuss eher unscheinbar, doch schon im Herbst verfärben sich ihre Blätter von Goldgelb bis Purpurrot. *Hamamelis*-Hybriden gelten als robust, trockenheitsempfindlich und bevorzugen sandig-humose Substrate.

Heptacodium miconioides

SIEBEN-SÖHNE-DES-HIMMELS-STRAUCH

Dieser Zierstrauch gilt als echtes Gartenjuwel, weil sich seine Blüten erst im Spätsommer oder Frühherbst öffnen. Damit füllt er eine Lücke im Bereich der Sommerblüher. Von der Blüte leitet sich auch der deutsche Name „Sieben-Söhne-des-Himmels-Strauch“ ab, denn die rahmweißen, stark duftenden, Einzelblüten finden sich immer zu siebt in endständigen Rispen und werden fleißig von Bienen besucht. Der Laubaustrieb erfolgt relativ früh, und die lang haftenden Blätter färben sich im Herbst leicht purpurbraun. Die gelbbraune, sich abschälende Rinde macht diesen Strauch auch im Winter unverwechselbar und ist ein sehr gutes Erkennungsmerkmal. An den Boden stellt dieser Strauch keine großen Anforderungen und er verträgt auch problemlos sommerliche Trockenperioden. Werden in günstigen Klimaten Früchte ausgebildet, sind die Beeren zur Vollreife purpurrot bis leuchtend rot gefärbt.

Hydrangea petiolaris

KLETTER-HORTENSIE

Die Kletter-Hortensie benötigt zwar einige Jahre, bis die ersten attraktiven Blüten erscheinen, doch ab einem Alter von 5–8 Jahren bildet sie im Frühsommer **flache, weiße Dolden, etwa 25 cm groß, mit einem Kranz steriler Randblüten**. Die eigentlichen, süßlich duftenden, doch sehr unauffälligen Blüten befinden sich im Inneren der Blütenstände. Etliche weitere positive Eigenschaften, wie die gelbe Laubfärbung im Herbst, die rotbraunen Triebe sowie der frischgrüne Austrieb sorgen für die Aufnahme in die Kategorie der „Vier-Jahreszeiten-Gehölze“. Ist keine Kletterhilfe vorhanden, bildet die Kletter-Hortensie einen halbkugeligen Strauch oder macht sich als blühender Bodendecker nützlich. Stimmen die Standortkonditionen – das heißt in diesem Fall: kühle, luftfeuchte Lagen mit locker-humosen und (ganz wichtig!) sauren Böden –, kann die Kletter-Hortensie bis zu 12 m hoch in Bäume klettern. Volle Sonne verträgt sie nur bei ausreichender Feuchtigkeit. Daneben erträgt sie als eines der wenigen Gehölze den Wurzeldruck von Bäumen und wächst sogar im Schatten.

Nothofagus antarctica

SCHEINBUCHE

Die Scheinbuche, auch Südbuche genannt, ist in Südamerika zu Hause und entwickelt sich hierzulande zu einem ungewöhnlichen Großstrauch oder kleinen Baum von etwa 8 m Höhe. **Ihr eigenwilliger Wuchs ist ein absoluter Hingucker**, denn die Seitenäste sind bizarr und unregelmäßig, oft gebogen und einseitig verdreht. Typisch für die Scheinbuchen ist ihre fischgrätartige Verzweigung der Seitenäste und die dunkelbraune bis schwarze Rinde mit ihren auffälligen hellen Lentizellen. Im Frühjahr erscheinen kleine, nur 1–2 cm große Blätter, die aromatisch nach Grapefruit duften. Ihre spät einsetzende, leuchtend goldgelbe Herbstfärbung ist ein spätes Highlight im fast schon winterlichen Garten. Unscheinbar sind ihre grünlich gelben Blüten und Früchte. Als Standort bevorzugen Scheinbuchen milde, luftfeuchte, frische Lagen in Sonne bis lichtem Schatten sowie saure bis neutrale Substrate.

LvE-Tipp
Nothofagus antarctica ist in der Jugend nur mäßig frosthart.

Prunus sargentii

SCHARLACH-KIRSCHE

Die Scharlach-Kirsche ist ein schönes Beispiel für ein Multitalent im Garten: Im zeitigen Frühjahr überrascht sie uns **mit einfachen rosafarbenen Blüten in Hülle und Fülle** und die Bienen sammeln hier zu Tausenden ihren Nektar. Fast noch schöner ist die früh einsetzende Herbstfärbung. Die Blätter färben sich weithin sichtbar in leuchtend Orange bis Rot. Auch im Winter kann die Kirsche punkten. In dieser Jahreszeit zieht die mahagonifarbene, quergestreifte, glänzende Rinde alle Blicke auf sich und bringt Farbe ins winterliche Grau. Das Gehölz eignet sich mit seinem trichterförmigen Wuchs und einer Höhe bis zu 12 m nicht unbedingt für kleine Flächen. Es sollte windgeschützt an sonnigen Standorten stehen, da sonst die Blüten sehr schnell fortgeblasen werden. *Prunus sargentii* toleriert alle nahrhaften, neutralen bis alkalischen Böden.

Quercus pontica

ARMENISCHE EICHE

Auf den ersten Blick erscheint es fast unwahrscheinlich, dass dieses Gehölz zu den mächtigen und ausladenden Eichen gehören soll, entwickelt es sich doch „nur" zu einem mehrstämmigen, breitrunden Großstrauch von 4–6 m Höhe. Dabei wächst diese Eiche extrem langsam, entwickelt den ihr eigenen sparrigen Wuchs und bildet kantige Äste mit einer silbergrauen Rinde. **Die Blüten erscheinen als grüngelbe Kätzchen** zur Zeit des Laubaustriebs. Die bis zu 20 cm großen Blätter der Armenischen Eiche, auch Pontische Eiche genannt, erinnern an das Laub der Ess-Kastanien. Sie sind stark gerippt und verfärben sich ab Oktober in leuchtend gelben Tönen. Auch die rotbraunen, 2–3,5 cm großen Eicheln zeigen die Zugehörigkeit zur Gattung der Eichen. Das aus Südeuropa stammende Gehölz mag sonnige Standorte und ist in der Jugend für einen Schutz gegen Spätfröste dankbar. Der Boden sollte trocken bis frisch, durchlässig und nährstoffreich sein und sich im alkalischen Bereich befinden.

Styrax japonicus

JAPANISCHER STORAXBAUM

Wer üppige, weiße, duftende Blüten im Sommer mag, der ist mit dem Japanischen Storaxbaum gut beraten. Die aus den Blattachseln herabhängenden Blütenglöckchen bilden ab Juni, zum Teil sogar bis in den Hochsommer hinein, einen hübschen Kontrast zu den glänzend dunkelgrünen Blättern. Letztere **sorgen im Herbst mit ihrer gelbroten Färbung für einen weiteren Höhepunkt im Gartenjahr**. Dieser Großstrauch mit seiner breit offenen Krone und den teilweise waagerechten Ästen bevorzugt einen frischen, humosen, schwach sauren bis schwach alkalischen Boden und freut sich über einen Winterschutz in der Jugend. Das Harz des echten Storaxbaumes wurde (früher) zur Parfümherstellung und in der Heilkräuterkunde genutzt.

5 FORMGEH

Hecken sind mehr als ein gleichförmiger grüner Sichtschutz entlang der Grundstücksgrenze. Sie können Gärten gliedern, Räume bilden, Sichtachsen schaffen und ganz nebenbei auch ein Vogelresort sein. Mit keinem anderen pflanzlichen Gestaltungselement lassen sich so einfach die Proportionen eines Gartens verändern oder eine Blickachse spektakulär in Szene setzen. Aber auch das Spiel mit Dach, Kugel, Pyramide oder Wolkenform ist überaus reizvoll. Grüne Kunstwerke schaffen in jedem Garten Akzente und interessante Blickpunkte. Formgehölze kontrastieren mit dem „wilden Durcheinander“ einer naturnahen Pflanzung, können aber auch Ruhe und Harmonie ausstrahlen. Spannend ist die Verwendung von geformten Immergrünen und laubabwerfenden Gehölzen. Doch gilt auch hier: „Less is more“. Formgehölze sollten immer akzentuiert eingesetzt werden.

HECKEN | KLASSISCH ODER IN WOLKENFORM

Neben den typischen Heckenpflanzen eignen sich auch viele andere Gehölze für den Schnitt. Geschickt ausgewählt lässt sich mit Fruchtschmuck und Dornenschutz auch der Tierwelt etwas Gutes tun. Für Abwechslung können interessante Wintertexturen wie beispielsweise bei den Zieräpfeln oder die spannende Rindenfarbe des *Cornus alba* 'Sibirica' sorgen.

Immer- oder sommergrün?

Immergrüne Hecken punkten natürlich durch ihren ganzjährigen Sichtschutz. Doch die ganzjährige Gleichförmigkeit einer immergrünen Hecke kann auf Dauer auch eintönig wirken, daher empfehlen sich Kombinationen aus immer- und sommergrünen Gehölzen, die sich im jahreszeitlichen Verlauf verändern und immer neue Bilder im Garten erzeugen.

Die Entscheidung

Im Grunde genommen sind es drei Faktoren, die bei der Auswahl einer Hecke eine entscheidende Rolle spielen: Funktion, vorhandener Platz und, ganz wichtig, der Standort.

Die Funktion lässt sich relativ einfach klären. Sichtschutz und Grenze zum Nachbarn, Gliederung des Gartens, als grünes Gerüst für Staudenrabatten oder als Abtrennung einzelner Gartenareale, um nur einige zu nennen.

Wenden wir uns dem Platzbedarf zu. Eine Hecke kann schmal geschnitten auch bei einer Höhe von 3 m nur 1 m breit sein; als frei wachsende Blütensträucher- oder Wildgehölz-Hecke durchaus aber 2–3 m in der Breite benötigen.

Damit eine Hecke ihre Funktion auch erfüllen kann, müssen die Standortbedingungen der Pflanzen berücksichtigt werden. Lichtangebot und Bodenbeschaffenheit sind die wichtigsten Faktoren, denn Pflanzen, die beispielsweise viel Licht benötigen, werden im trockenen und schattigen Wurzelbereich alter Bäume keinen nennenswerten Zuwachs haben.

Grundsätzlich gilt: Schnell wachsende Gehölze sollten in der Regel zweimal im Jahr geschnitten werden; haben Pflanzen einen geringen Zuwachs, reicht einmal pro Jahr. Jedoch brauchen gerade die wertvollen, langsam wachsenden Gehölze sehr lange, bis eine Hecke blickdicht ist und ihre Sichtschutzfunktion erfüllt. Um die Wartezeit zu verkürzen, lassen sich diese Gehölze bereits als vorgezogene Heckenelemente oder auch als fertige Hochspaliere in der Baumschule beziehen.

Frosttrocknis

Dieser Begriff bezeichnet einen frostbedingten Trockenschaden durch die Verdunstung von Wasser bei Temperaturen unter 0 °C. Ein Schadbild, das bei allen immergrünen Pflanzen auftritt. Bei starker Sonneneinstrahlung im Winter und Frühjahr wird die Verdunstung erheblich gesteigert. Dabei kommt es zu starken Wasserverlusten, die jedoch nicht ausgeglichen werden können, weil eine Wasseraufnahme aus dem gefrorenen Boden nicht möglich ist. Interessanterweise entstehen Schäden durch Frosttrocknis auch bei Gehölzen mit hoher Frostresistenz und Frostabhärtung. Abhilfe: Gehölze bei offenem Boden mit zusätzlichem Wasser versorgen oder Pflanzen bei starker Sonneneinstrahlung schattieren.

Form follows function: Dieser Designgrundsatz lässt sich wunderbar auf Hecken übertragen. Die äußere Form einer Hecke wird definitiv von ihrer Funktion bestimmt – einen Raum einfrieden, bei möglichst geringem Platzverbrauch.

Formschnitt

Die klassische Heckenform ist ein Rechteck oder Trapez. Beim konischen Schnitt, nach unten breiter werdend, bekommen besonders die unteren Bereiche noch genügend Licht und ein Verkahlen der Gehölze wird verhindert – zu empfehlen bei immegrünen Nadelgehölzen. Ein regelmäßiger Schnitt fördert Neuaustrieb und Verzweigung – so bleibt die Hecke dicht. Voll im Trend liegen große amorphe Formen, auch Wolkenhecken genannt. Sie bieten eine interessante Alternative zur schnurgeraden Grenzbepflanzung.

Ein unbedingtes Muss für den Rückschnitt ist eine scharfe Heckenschere, sonst werden die Blätter gequetscht und verbräunen. Die Gärtner von Versailles gehen sogar noch weiter und empfehlen den Schnitt nur bei bedecktem Himmel, um Verbrennungen an den Gehölzen zu vermeiden.

Phytosanitäre Maßnahmen sind bei pilzanfälligen Gehölzen wichtig. Ein regelmäßiges Reinigen der Schnittwerkzeuge kann eine Übertragung der Pilzsporen auf frisch angeschnittene Blätter und Zweige verhindern, denn Schnittwunden bieten die ideale Eintrittspforte für Pilzsporen und begünstigen eine Neuinfektion.

Wichtig: Bei allen geschnittenen Hecken sollte ein Pflegestreifen für den jährlichen Schnitt berücksichtigt werden.

VERWENDUNG

Hecken müssen nicht streng wirken. Im Gegenteil: Als Gesamtarrangement mit Stauden und Gräsern bieten sie den ruhigen Hintergrund, den eine wilde Mischpflanzung benötigt.

Der Fantasie sind keine Grenzen gesetzt. Auch zweifarbige Hecken sind möglich, eine Kombination aus verschiedenfarbigen *Chamaecyparis*-Sorten.

Acer campestre 'Elsrijk'

FELD-AHORN

Eine beliebte Heckenpflanze ist der fast heimische Feld-Ahorn (*Acer campestre*). Diese Gehölze waren ursprünglich im nordwestlichen Deutschland nicht vertreten und haben sich erst aus Mittel- und Südeuropa in den Norden vorgearbeitet. Die positiven Eigenschaften sind: eine **hohe Schnittverträglichkeit, die große Standortamplitude, wobei kalkhaltige Böden bevorzugt werden, und die Hitzetoleranz**. Hinzu kommen der attraktive Austrieb und die gelbe Herbstfärbung. Durch die relativ kleinen Blätter eignen sich Feld-Ahorne beim Schnitt nicht nur für Hecken und Hochhecken, sondern auch für Wolkenformen. Auch als Stadt- und Straßenbaum wird er aktuell hoch bewertet. Doch Ahorn ist nicht gleich Ahorn: So vereinigt die Sorte 'Elsrijk' alle guten Eigenschaften der Art, ist jedoch weniger anfällig für Mehltau.

Carpinus betulus

HAINBUCHE

Carpinus betulus gilt als Klassiker in der Heckenlandschaft, denn Hainbuchen sind **anpassungsfähige heimische Gehölze**, die eine große Standortamplitude und eine hohe Regenerationsfähigkeit aufweisen. Sie sind sehr schnittverträglich und halten ihr Laub zum Teil bis weit in den Winter, was sie zu einem blickdichten Heckengehölz macht. Als Bäume mittlerer Ordnung können sie durchaus 12 m hoch werden und treiben selbst aus dem alten Holz wieder willig aus, so dass auch eine alte Hecke durch starken Rückschnitt wieder in Form gebracht werden kann. Auch auf relativ trockenen Standorten bewähren sich Hainbuchen hervorragend und gelten als Favoriten bei den Klimabäumen. Beeindruckend sind die uralten, über 4 m hohen Hainbuchenhecken in Schloss Linderhof, Bayern.

Cornus mas

KORNELKIRSCHE

Die überaus vielseitige Kornelkirsche wurde bereits im Mittelalter in den Klostergärten kultiviert; schon Hildegard von Bingen empfahl die Wirkstoffe von *Cornus mas* gegen Gicht und für den Magen. Als **ökologisch wertvoller Vorfrühlingsblüher**, der in manchen Jahren schon ab Mitte März mit zahlreichen, auffälligen gelben Blüten aufwartet, punktet die Kornelkirsche mit einer lang anhaltenden und duftenden Blüte vor dem Laubaustrieb. Die zeitige Blüte bietet Honig- und Wildbienen eine erste heimische Nahrungsquelle. Mehr als 88 verschiedene Namen für die Kornelkirsche existieren im deutschen Sprachgebrauch und ihre Früchte sind heiß begehrt bei Vögeln und Kleintieren. Auch ihre Wildfrüchte lassen sich wunderbar verarbeiten.

LvE-Tipp

Da das Holz der Kornelkirschen extrem hart ist, kann ein Schnitt in der zweiten Jahreshälfte mühsam werden.

Crataegus persimilis

PFLAUMENBLÄTTRIGER WEISSDORN

Vertreter der Gattung *Crataegus* kreuzen sich häufig untereinander und Botaniker sprechen hier von einer „unruhigen“ Gattung. Der Pflaumenblättrige Weißdorn, ein großer Strauch oder kleiner Baum, ist vermutlich ebenfalls eine Kreuzung, die bereits vor mehr als 200 Jahren entstanden ist. *Crataegus persimilis* toleriert alle Böden, ist kalkliebend und fühlt sich an sonnigen bis halbschattigen Standorten wohl. Als Vier-Jahreszeiten-Gehölz punktet er von Mitte Mai bis Juni mit zahlreichen weißen, duftenden Blütendolden. Seine dunkelgrünen, glänzenden Blätter färben sich im Herbst flammend gelb bis rot und selbst im Winter sind seine stark bedornten Zweige und die roten, bis zu 1,50 cm großen Früchte überaus attraktiv. Alle *Crataegus* **lassen sich gut in Form schneiden**, ob als Kasten auf Stamm, Schirmform oder alle Arten von Hecken.

Fagus sylvatica

ROT-BUCHE

Die Bezeichnung Rot-Buche rührt von der rotbraunen Farbe ihres Holzes und beschreibt nicht, wie vielfach angenommen, den rötlichen Austrieb ihrer grünen Blätter. Die wirklich rotlaubigen Buchen-Sorten wie 'Atropunicea' oder 'Riversii' werden als Blut-Buchen bezeichnet und bieten einen interessanten Kontrast zum vielfältigen Grün der Umgebung.

Alle Varianten punkten jedoch ab Anfang Oktober mit einer intensiven Herbstfärbung, die von Gelb über Gelborange bis zu Rotbraun reicht. Das bis ins Frühjahr haftende Herbstlaub sorgt darüber hinaus für einen guten Sicht- und Windschutz. Da Heckenpflanzen jedoch als Sämlinge herangezogen werden, kann sich bei den einzelnen Gehölzen die Haltefähigkeit des Herbstlaubes etwas unterscheiden.

Als Zeigerpflanze für atlantisches Klima lieben Rot-Buchen wintermilde, sommerkühle sowie feucht-ozeanische Standorte. Demzufolge sagen ihnen heiße und trockene Standorte, wie sie in der Stadt vorkommen, nicht zu. Sie sind konkurrenzstark, recht schattenverträglich und verfügen über ein intensives Wurzelwerk.

An der höchsten Hecke der Welt, der „Meikleour Beech Hedge", ein grünes Bollwerk in Schottland, zeigt sich die hohe Regenerationsfähigkeit der Buchen. Bereits im Jahr 1745 wurden die Gehölze gepflanzt und bis heute regelmäßig geschnitten. Inzwischen hat diese weithin sichtbare Landmarke eine Länge von 560 m und ist stattliche 36 m hoch. Der Schnittaufwand ist enorm: alle 10 Jahre müssen 4 Gärtner über 6 Wochen die Hecke zurückschneiden.

Buchenhecken sind **vielseitig einsetzbar und können auch sehr schmal geschnitten einen guten Sichtschutz bieten**. Besonders eine Kombination von rotbraunem Buchen-Herbstlaub mit immergrünen Gehölzen ist ein wunderbarer Hingucker im winterlichen Garten. Rot-Buchen, die sich frei wachsend zu 25–30 m hohen Bäumen entwickeln, eignen sich hervorragend als Hochspaliere.

LvE-Tipp

Ohne Schutzanstrich der Stämme reagieren ältere Buchen auf plötzliches Freistellen mit Rindenbrand.

Ilex × meserveae 'Heckenfee'

BLAUE STECHPALME

Heckenexperten aus der Baumschule empfehlen für immergrüne Hecken gern die Blaue Stechpalme 'Heckenfee'. **Mit ihren glänzenden, wie poliert wirkenden Blättern, den weißen, duftenden Blüten und den leuchtend roten Beeren ist sie ein echter Hingucker.** Schön ist außerdem der kupferfarbene Neuaustrieb dieser Selektion. Weitere Pluspunkte in der Verwendung: der sehr langsame Wuchs und die charakteristisch dornig gezähnten Blätter, die zuverlässig ungebetene Gäste fernhalten. Einzig und allein die Bodenansprüche sind speziell. *Ilex* bevorzugt saure Böden und durchlässige, sandig-humose Substrate, eignet sich also nicht für schwere und kalkhaltige Böden, denn hier leidet Frosthärte und Zuwachs. *Ilex × meserveae* ist eine Kreuzung aus heimischer Stechpalme mit ostsibirischen *Ilex*-Arten, also eine besonders frostharte Variante.

Larix kaempferi

JAPANISCHE LÄRCHE

Ein eher ungewöhnliches Heckengehölz ist *Larix kaempferi*. Lärchen faszinieren **durch ihren frischgrünen Nadelaustrieb, der den gesamten Baum im zeitigen Frühjahr wunderschön in Szene setzt**. Ihre weichen Nadeln sitzen dicht gedrängt in Büscheln und drehen sich rosettenartig aus den Blattknospen. Im Lauf des Sommers verfärben sich die Nadeln dann blaugrün. Mit leuchtend gelber Färbung verabschieden sich die Lärchen im späten Herbst, denn sie verlieren als eine der wenigen Nadelbaumarten ihre Nadeln. Gerne stehen die Japanischen Lärchen an kühlen und luftfeuchten Standorten auf nährstoffreichen Böden. Der Schnittzeitpunkt sollte bestenfalls nach Beendigung des Austriebs, das heißt von Juni bis Juli, erfolgen.

Ligustrum vulgare 'Atrovirens'

WINTERGRÜNER LIGUSTER

Eines der klassischen Heckengehölze schlechthin ist der Gewöhnliche Liguster, *Ligustrum vulgare*. Die breitbuschigen Großsträucher haben viele gute Eigenschaften. **Sie lassen sich wunderbar formen, treiben willig aus** und die Sorte 'Atrovirens' ist sogar wintergrün. Im Laufe der Zeit entwickeln sich Liguster zu dichten, formstabilen bis 4 m hohen Hecken. Die dunkelgrünen, glänzenden, relativ kleinen Blätter verbleiben in den meisten Jahren bis zum Frühjahr am Strauch, was einen guten Sichtschutz garantiert, und färben sich im Winter grünviolett. Wer ein anspruchsloses Heckengehölz sucht, ist mit diesem Liguster gut beraten. Er wächst in Sonne bis Halbschatten, auf allen Substraten, ausgenommen saure Moorböden. Daneben ist er hitzeverträglich, frosthart und durch seine dichte Verästelung auch noch ein gutes Vogelschutzgehölz.

Malus 'Evereste'

ZIERAPFEL

Wie wäre es mit einer blühenden und fruchtenden Hecke? Hier kommt die Gattung *Malus* ins Spiel. Die Gehölze lassen sich sehr gut schneiden und **als schmale Blütenhecken in jeden Garten integrieren**. *Malus* 'Evereste' beeindruckt mit einer überaus reichen, duftenden Blüte und sehr gesundem Laub. Seine Blüten erscheinen fast zweifarbig, die Knospen karminrosa und die offenen Blüten weiß mit rosa Streifen. Im Herbst haften die gelborangefarbenen bis roten und bis zu 2,5 cm dicken Früchte sehr lange am Baum und bieten einen hübschen, leuchtenden Winterschmuck in der grauen Novembertristesse. Ein regelmäßiger Schnitt sorgt für dicht verzweigte Hecken, die ein sicheres Zuhause für viele Vogelarten bieten. Damit Katzen und andere Nesträuber dauerhaft fernbleiben, sollte die Hecke mindestens 180 cm oder höher sein. Zieräpfel mögen vollsonnige Standorte und stellen keine besonderen Bodenansprüche, nur durchlässig sollte er sein.

LvE-Tipp

Besonders schön sind mehrstämmige Zieräpfel in Schirmform oder als Dachform gezogen.

Taxus baccata

EUROPÄISCHE EIBE

Die Europäische Eibe zählt zu den immergrünen Nadelgehölzen und kann bis zu 1500 Jahre alt werden. **Die Überlebensstrategie der langsam wachsenden Eiben ist ihre Schattenverträglichkeit**, gepaart mit einer einzigartigen Fähigkeit zur Regeneration. Früher war sie in ganz Europa stark verbreitet, doch ihr festes und gleichzeitig elastisches Holz, das gerne für den Bau von Armbrüsten und englischen Langbögen verwendet wurde, machte sie zu einem begehrten Exportartikel im Mittelalter. Bereits gegen Ende des 15. Jahrhunderts waren von den umfangreichen Beständen nur noch wenige zusammenhängende Eibenwälder in unzugänglichen Lagen übrig.

Bei der einzigen in Europa vertretenen *Taxus*-Art, *T. baccata*, werden männliche und weibliche Pflanzen gebildet, Botaniker sprechen von einer „diözischen“, also zweihäusigen Art. Im zeitigen Frühjahr lässt sich die Windbestäubung der Eiben sehr gut beobachten. Millionen von Pollen, riesige gelbe Wolken, steigen von den männlichen Gehölzen auf und werden durch den Wind verbreitet.

Sämtliche Pflanzenteile der Europäischen Eibe, Blätter, Rinde und Samen, enthalten Taxane und sind somit hoch giftig. Die einzige Ausnahme ist der rote Samenmantel, der Arillus, der die Frucht umhüllt. Es sind tödliche Vergiftungen von Rindern, Pferden und Menschen bekannt; heute wird das Gift der Eiben vermehrt in der Krebstherapie als extrem wirksames Mittel eingesetzt.

Europäische Eiben sind durchaus trockentolerant, bevorzugen jedoch luftfeuchte Standorte. Gerade im Winter und im zeitigen Frühjahr vertragen sie die Kombination von starker Sonneneinstrahlung und lang anhaltendem Frost nicht gut, weil sie auch bei niedrigen Temperaturen Photosynthese betreiben. Konkret heißt das: sie verdunsten oberirdisch Wasser, doch der Wassernachschub aus dem Boden fehlt. Hält diese Witterung über längere Zeit an, verfärbt sich zunächst die gesamte Pflanze bronzefarben, später treten Schäden, die sogenannte „Frosttrocknis“, auf.

Ihre Fähigkeit zur Regeneration macht sie zu perfekten Heckengehölzen. Selbst nach einem starken Rückschnitt treiben alte Hecken willig aus. Einziger Nachteil des dunkelgrünen Hecken-Klassikers: Eiben wachsen extrem langsam und haben nur einen Zuwachs von maximal 10 cm pro Jahr.

Beeindruckende Beispiele für *Taxus*-Hecken finden sich in England: die *Taxus*-Gartenzimmer in Sissinghurst oder die Wolkenhecken in Doddington Place Castle, die häufig als Filmkulisse dienen, stammen aus den Anfängen des 20. Jahrhunderts.

ARS TOPIARIA | VON GRÜNEN KUNSTWERKEN

Ars topiaria, die Kunst des Formschnitts, kann auf eine lange gärtnerische Tradition zurückblicken und ist eng mit der Geschichte der Gartenkunst verbunden. Aus dem griechischen Wort *topos* für Landschaft und dem „topiarius", einem Landschaftsgärtner im lateinischen Sprachgebrauch, entwickelte sich „ars topiaria" – in der Renaissance die Bezeichnung für den formvollendeten Gehölzschnitt. Hier folgt ein Exkurs in die Vergangenheit der Schnittkunst…

Antike

Bereits in der Antike, genauer bei den Ägyptern und den Babyloniern, lassen sich erste einfache Heckenformen zur Einfriedung der Gärten erkennen. Im Römischen Reich waren geformte Pflanzen en vogue: Villen und Landsitze der reichen Römer wurden mit zahlreichen grünen Kunstwerken ausstaffiert. Jagdszenen, Schiffsflotten aus Zypressen oder andere vielfältig in Form geschnittene Gehölze bildeten die Kulisse für die exklusiven Gartenfeste. Mit dem Zerfall des Römischen Reiches gerieten Kenntnisse und Lust am Formschnitt jedoch für einige Jahrhunderte in Vergessenheit und die Gärten wurden im Mittelalter zu reinen Nutzgärten. Der Schnitt reduzierte sich wiederum auf Hecken als Einfassung der Beete.

Renaissance

In Italien, im Florenz der Medici, begann ab dem 14. Jahrhundert die Wiederbelebung der antiken Gartenkunst. Mit Rückbesinnung auf die ars topiaria wurden Gärten, Schlossgärten und Landsitze zunächst in Italien, später in ganz Frankreich, Holland und Deutschland zu grünen Gesamtkunstwerken mit weitläufigen sogenannten „parterres" (flaches, niedrig bepflanztes Gelände) aus niedrigen Hecken und aufwendig geschnittenen Gehölzen verwandelt. Geometrische Formen und symmetrische Achsen zeichnen die Gärten der Renaissance aus. Irrgärten, Knotengärten und riesige Fantasieformen waren die Spielarten von Formgehölz-Enthusiasten in England. Ganz Europa war im Formschnitt-Fieber, und alle Gehölze, die sich schneiden ließen, ob immergrün oder laubabwerfend, wurden zu Kugeln, Kegeln, Vasen oder in vielfältige Fantasieformen wie Elefant, Hirsch oder Vogel geschnitten.

Barock, Romantik und das 19. Jahrhundert

Das Zeitalter des Barock führte in Frankreich ab Mitte des 17. Jahrhunderts zur Weiterentwicklung der formalen Gärten. Waren die Anlagen der Renaissance noch Orte der Kontemplation, zeigte der Barockpark den Geist des Absolutismus und wurde in das Gesamtkunstwerk Schloss integriert. Parterres

Formgehölze aus der Baumschule

Ob großblättrige Platanen oder herbstfärbende Sumpf-Eiche, klassische Linde oder verschiedene Nadelgehölze – alle sind sehr empfehlenswerte Alternativen für den Formschnitt. Mit Blüten und Fruchtschmuck begeistern Zierapfel oder Felsenbirne. Inzwischen wird eine Vielzahl von Arten und Sorten kultiviert, die optisch sehr variieren. In der Baumschule finden Sie zahlreiche von Hand geformte grüne Individuen. Die Schnittmeister nehmen sich Zeit, die Pflanze auszuwählen und sie zu formen. Die Herstellung eines Formgehölzes ist ein aufwendiger und langwieriger Prozess, da vom Anschnitt bis zur Fertigstellung 10 Jahre und mehr vergehen können.

mit Arabesken, sogenannten „Broderien“, Formgehölzen, geschlossenen Alleen und Bosketts entlang einer Hauptachse unterstrichen die prunkvolle Architektur. Hauptsächlich Eiben, Buchs und Hainbuchen wurden von den französischen Schnittmeistern zu grünen Kunstwerken formiert und von einem Heer an Gärtnern regelmäßig in Form gebracht. Ausgehend von den Lustgärten Louis XIV in Versailles verbreitete sich der neue Gartenstil in ganz Europa. Auch in Deutschland entstanden zahlreiche Barockgärten und noch heute ist der Große Garten von Hannover-Herrenhausen in seiner ursprünglichen Form erhalten. Zu Recht lässt sich feststellen, dass die Blütezeit der ars topiaria in Europa in Renaissance und Barock einen Höhepunkt erlebte.

Mit der Romantik wurde der formale Garten durch das Gestaltungsideal des Landschaftsparks abgelöst und viele bedeutende Barock- und Renaissancegärten verloren ihre grünen Kunstwerke zugunsten von „natürlich“ anmutenden Gehölzen. Doch bereits im 19. Jahrhundert erlebten die Formgehölze, gerade in England, eine neue Popularität. Nun wurden neben den Klassikern auch „ungewöhnliche“ Gehölze wie *Ilex* und *Rhododendron* für den Formschnitt verwendet. Unglaubliche Hecken und atemberaubende, meterhohe, fantastische Figuren entstanden auf den Landsitzen der wohlhabenden Industriellen – auf diese Epoche begründet sich noch heute der Ruf Englands als Land der Gartenkunst und der Topiaries.

Heute

Auch im 20. Jahrhundert wurden weltweit neue formale Gärten mit grünen Skulpturen angelegt, darüber hinaus harmonierten geschnittene Gehölze hervorragend mit der elementaren Formensprache der Architektur dieser Epoche. Formgehölze faszinieren Gartengestalter und -besitzer bis heute. Ein Trend des 21. Jahrhunderts ist die Kombination von geschnittenen Gehölzen mit der natürlich anmutenden Wildheit von einjährigen Pflanzen, Geophyten und Stauden. Was so natürlich und spielerisch aussieht, funktioniert auf Dauer jedoch nur mit detaillierten Pflanzplänen und fundierten Pflanzenkenntnissen. Seit einigen Jahrzehnten lassen sich auch „neue“ Formen, wie amorphe, immergrüne Wolken und große Garten-Bonsais, in den Gärten finden. Wolkenformen haben, genau wie die Garten-Bonsais, ihren Ursprung in Japan und werden dort als „karikomi“ (Wolke) und „niwaki“ (Garten-Bonsai) bezeichnet.

Schnitt

Formgehölze benötigen einen ein- bis zweimaligen Pflegeschnitt pro Jahr, abhängig vom Zuwachs. Je komplexer die Form, desto öfter sollte geschnitten werden. Durch den ständigen Schnitt werden die Gehölze im Alter immer wertvoller und im Lauf der Zeit entstehen einzigartige, grüne Antiquitäten. Grundsätzlich gilt: Eine scharfe Schere ist das A und O des Schneidens, sonst werden die Blätter/Nadeln zerquetscht und verbräunen.

Handgestaltete Gehölze müssen über Jahrzehnte geformt werden und gleichen Antiquitäten, die mit dem Alter immer wertvoller werden. Die Popularität der Formgehölze ist bis heute ungebrochen.

VERWENDUNG

Es muss nicht immer eine Hecke sein. Auch grüne Skulpturen, hier Linden, können den nötigen Sichtschutz gewährleisten.

Das Spiel mit Formen ist überaus reizvoll und blickt auf eine lange gärtnerische Tradition zurück. Im Garten setzen Formgehölze Akzente, schaffen Blickachsen und Gartenräume.

Amelanchier lamarckii

KUPFER-FELSENBIRNE

Als attraktives Vier-Jahreszeiten-Gehölz zeichnet sich die Kupfer-Felsenbirne durch ihren **bizarren, oft mehrstämmigen Wuchs, eine wundervolle weiße Blüte, essbare Früchte und eine fantastische Herbstfärbung** aus. Die Großsträucher wachsen nur mäßig, werden bis zu 6 m hoch (in besonders zusagenden Lagen auch bis zu 10 m) und etwa 4–5 m breit. Kupfer-Felsenbirnen, auch Korinthenbäume genannt, haben von Natur aus eine abgeflachte Krone, die sich durch gezielte Schnittmaßnahmen zu wunderbar dichten Schirmen formen lässt. Kaum jemand weiß, dass sie früher als Obst angebaut wurden. Ihre heidelbeergroßen, schwarzen Beeren sind saftig süß und schmecken nach Kirsche mit einem Hauch von Marzipan und Bittermandel. Wer die Früchte ernten möchte, sollte den Strauch vorsorglich in ein Vogelschutznetz hüllen, sonst sind Amseln und Co., die diese Beeren ebenfalls lieben, schneller.

Die meisten Arten der Gattung *Amelanchier* stammen aus Nordamerika und wurden bereits vor dem 18. Jahrhundert in Europa eingeführt. Schnell verbreiteten sich die attraktiven Sträucher in den Gärten und Parks und zu Beginn des 19. Jahrhunderts wurden Felsenbirnen für den Obstanbau kultiviert. So konnten sich die fremdländischen Felsenbirnen hier schnell etablieren, teilweise verwildern und mit der heimischen *Amelanchier ovalis*, der Gewöhnlichen Felsenbirne, kreuzen.

Felsenbirnen (*Amelanchier*) gedeihen auf nahezu allen Standorten. Sie bevorzugen sonnige bis halbschattige Plätze; nasse, schwere und stark saure Böden sollten mit Bodenhilfsstoffen verbessert werden. Sie gelten als unempfindlich, robust und sind zudem trockentolerant. Im Herbst trumpfen sie sogar noch auf: Auf trockenen Standorten färbt sich ihr Laub im Herbst ganz besonders intensiv und leuchtet in Gelb-, Orange- und Rottönen.

LvE-Tipp

Die schnittverträglichen *Amelanchier* gehören zu den besten Vier-Jahreszeiten-Gehölzen.

Carpinus betulus 'Pendula'

HÄNGE-HAINBUCHE

Schon in der Antike wurden Hainbuchen (*Carpinus betulus*) **zu Kegeln, Labyrinthen, Torbögen oder Spalieren geformt**. Durch ihre hervorragende Schnittverträglichkeit und die Fähigkeit zur Regeneration aus dem alten Holz bieten sie den Schnittmeistern ungeahnte Möglichkeiten. Besonders im Winter, im laublosen Zustand, wirken die dicht verzweigten Formgehölze wie wunderbare Skulpturen in Raureif oder Schnee. Die anspruchslosen, einheimischen Gehölze kommen an fast jedem Standort zurecht, allerdings sollte der Boden nicht zu nährstoffarm sein und auch Trockenphasen werden gut überstanden. Die Sorte 'Pendula' ist eine Sorte mit zunächst waagerechten Ästen, die später an den Enden herabhängen, und eignet sich hervorragend für hohe Torbögen.

Enkianthus perulatus

FRÜHBLÜHENDE PRACHTGLOCKE

Die recht langsam wachsende Prachtglocke ist eine beliebte japanische Kulturpflanze, in Europa ist sie hingegen bislang relativ unbekannt. Die sommergrünen Gehölze, die eine Höhe von etwa 2,50 m erreichen, lassen sich hervorragend in Form schneiden und werden inzwischen auch **als Halbkugel, Bonsai, „lebende Steine" oder „Bienenkörbe"** angeboten. *Enkianthus* bevorzugt einen sonnigen bis halbschattigen Standort und frische, saure Böden. Die Sträucher, die zu den Heidekrautgewächsen gehören, vertragen Sonne recht gut, wenn die Umgebung luft- und bodenfeucht ist. Sie sind ausreichend winterhart. Im Mai erscheinen die weißen und sehr aparten Blütenglöckchen und absolut atemberaubend ist die lang anhaltende, intensive, orangerote Herbstfärbung.

Juniperus × pfitzeriana 'Hetzii'

CHINESISCHER SCHMUCK-WACHOLDER

Wacholder ist weltweit das Nadelgehölz mit der weitesten Verbreitung. In einigen japanischen Gärten finden sich Exemplare, die bis zu 1000 Jahre alt sind. Im Vergleich dazu kommt er in Europa relativ selten vor. Gerade der Chinesische Schmuck-Wacholder verträgt einen Rückschnitt bis ins alte Holz und die Stämme sind äußerst biegsam. So lassen sich aus einigen *Juniperus*-Arten **sehr individuelle Bonsais mit wundervoll gebogenen Stämmen** formen und einige der teuersten Bonsais der Welt wurden aus Wacholder-Arten geformt. Anspruchslos und robust, am liebsten an vollsonnigen Standorten, so kann man die Ansprüche der Wacholder definieren. Im Schatten verlieren sie ihren charakteristischen Wuchs.

Malus toringo var. sargentii

JAPANISCHER BERG-APFEL

Bei den Zieräpfeln gab es in den letzten Jahrzehnten viele Neuzüchtungen aus den USA; das Zuchtziel liegt auf gesundem Laub und reicher Blüte. Der langsam wachsende und recht frostharte *Malus toringo* var. *sargentii* ist ein Favorit der Baumschuler, dabei werden hauptsächlich Veredlungen von *Malus toringo* var. *sargentii* angeboten. **Neben den weißen, duftenden Blüten bezaubern die Pflanzen im Herbst sogar noch mit essbaren, dunkelroten, kleinen Mini-Äpfeln und gelboranger Herbstfärbung.** Die Gehölze bevorzugen sonnige Standorte, können jedoch auch lichten Schatten ertragen. Hitze oder starker Wind können die Blütezeit erheblich verkürzen. Sie wachsen in jedem normalen Gartenboden, von schwach sauer bis alkalisch, mögen jedoch keine nassen Füße.

Pinus parviflora

MÄDCHEN-KIEFER

Ausdrucksstarke Garten-Bonsais, sogenannte Niwakis, werden oft aus *Pinus parviflora* geformt. Die Mädchen-Kiefern stammen ursprünglich aus Japan und kommen dort in Höhenlagen zwischen 1200–1800 m vor. Sie haben grünblaue und relativ weiche Nadeln, immer in Fünferbüscheln, und **werden in Asien von jeher zu kleinen und großen Bonsais geformt**. Die auffallend schönen Nadelkissen und die interessante Nadelfarbe im Kontrast zur graubraunen, gefurchten Rinde zeichnen diese Garten-Bonsais aus. Ein weiterer Vorteil: Der geringe jährliche Zuwachs hält den Rückschnitt in Grenzen. Wichtig ist ein heller, sonniger Standort sowie ein durchlässiges Substrat ohne Staunässe. Wurde *P. parviflora* auf Schwarz-Kiefer veredelt und ausgepflanzt, wird Frost gut vertragen.

Pinus sylvestris 'Watereri'

WALD-KIEFER

Die Sorte 'Watereri' ist eine malerische, kleinwüchsige Kiefer, die sich durch ihre stahlblau getönten Nadeln auszeichnet. **Besonders der neue Austrieb ist von intensivem Blau.** Die rötlich gefärbte Rinde bietet einen wunderbaren Kontrast zu dieser ungewöhnlichen Nadelfarbe. Wie alle Kiefern benötigt sie sonnige Standorte und ist recht anspruchslos. Wald-Kiefern wachsen auf allen trockenen bis nassen und sauren bis alkalischen Substraten. Optimal sind tiefgründige, frische und saure Böden. Werden *Pinus sylvestris* 'Watereri' zu Formgehölzen gezogen, findet man selten die klassischen Formen wie Kugel oder Pyramide. Sie eignen sich eher für handgestaltete Bonsais oder Schirmformen auf mehreren Stämmen.

LvE-Tipp

Ausdruckstarke und robuste Kiefern sind unsere Favoriten.

Quercus palustris

SUMPF-EICHE

Der deutsche Name der Sumpf-Eiche ist irreführend, denn *Quercus palustris* wächst an allen feuchten bis normalen Standorten und kommt sogar mit trockenen Bodenverhältnissen recht gut zurecht. Sumpf-Eichen bevorzugen Plätze in der Sonne, akzeptieren aber auch lichten Schatten. Besonders die Sumpf-Eichen **eignen sich für alle hohen Formen wie Dächer, Kästen oder Spaliere, die auf Hochstamm gezogen werden**. Ihr tief eingeschnittenes Laub überrascht im Frühjahr mit einem glänzend grünen Austrieb und im Herbst mit einer intensiven, weithin leuchtenden orangegelben bis bronzeroten Herbstfärbung. Ein robustes Formgehölz der Sonderklasse.

Salix alba

SILBER-WEIDE

Kopfbäume werden aus Weiden durch ständigen Rückschnitt geformt. Das Verfahren hat Tradition. Schon früher wurden Weiden alle 1–10 Jahre um 1–2 m zurückgeschnitten, um ihre Triebe zu gewinnen. Dabei wurden jüngere Triebe zum Flechten von Körben und zur Füllung von Fachwerkhäusern, ältere als Zaunpfosten genutzt. *Salix alba* ist eine baumförmige Weide und durch einen beständigen Schnitt können bizarre alte Stämme mit einem verdickten Schnittpunkt entstehen. Manchmal sind die uralten Stämme sogar innen hohl, treiben jedoch trotzdem willig aus. Stehen Weiden an einem ihnen zusagenden Standort, frisch und nass, dann vertragen sie viel Sonne, sind durchaus hitzeverträglich und haben einen beachtlichen Zuwachs. Ihr Aerenchym, ein besonderes Durchlüftungsgewebe in den Wurzeln, erlaubt ihnen eine bis zu 300 Tage andauernde Überflutung zu überstehen.

Taxus cuspidata 'Nana'

JAPANISCHE ZWERG-EIBE

Neben der bekannten *Taxus baccata*, einem klassischen Formschnittgehölz, **eignet sich auch die Japanische Zwerg-Eibe durch ihr hohes Ausschlagvermögen hervorragend für den Schnitt**. Die langsam wachsenden Gehölze mit ihrem eher niederliegenden und unregelmäßigen Wuchs werden in Asien schon lange zu Bonsais geformt. Die immergrünen Nadeln bilden einen schönen Kontrast zu den roten Samenmänteln. Im Gegensatz zu *T. baccata* färben sich die Nadeln von *T. cuspidata* 'Nana' im Winter nicht bronzefarben. Japanische Zwerg-Eiben sind sehr robust und stellen keine großen Ansprüche an den Boden. Frisch bis feucht, nahrhaft, humos und durchlässig, sauer bis stark alkalisch sollte er sein. Alle Eiben eignen sich hervorragend für Garten-Bonsais und Wolkenformen.

Tilia

LINDEN

Alle Arten von Linden eignen sich besonders für hohe und mächtige Formen, wie Kästen auf Stamm, Hochspaliere oder Baumwände. Sie waren bereits in Renaissance und Barock beliebte Schnittgehölze für Bosketts und Laubengänge. Aufgrund ihres hohen Ausschlagvermögens ist ein Schnitt bis ins alte Holz problemlos möglich; bester Zeitpunkt ist von Juli bis August. Daneben warten *Tilia* mit vielen weiteren positiven Eigenschaften auf. Ihre späte, intensiv duftende Blüte ist eine wertvolle Bienenweide. Sie wachsen in Sonne bis Halbschatten und stellen wenig Ansprüche an den Boden, Hauptsache er ist nährstoffreich. Außerdem sind sie zuverlässige leuchtend gelbe Herbstfärber.

LvE-Tipp

Linden können bis zu 1000 Jahre alt werden.

SERVICE

PLANUNGSHILFEN

Neben einer Übersicht giftiger Gehölze finden Sie in den folgenden Tabellen attraktive Arten, die sich für bestimmte Einsatzzwecke besonders gut eignen. Weitere Tabellen zur Pflanzenverwendung finden Sie im Lorenz von Ehren-Kompendium.

Insektenfreundliche Gehölze

Als „insektenfreundlich" bezeichnet man Gehölze, die für Honig-, Wildbienen und Hummeln vielfältige Nahrung zur Verfügung stellen. Dabei handelt es sich nicht nur um heimische Arten. Die Blütezeit der Gehölze kann je nach Jahresverlauf variieren.

Gehölzart	Nektar	Pollen
Frühblühende Bäume – „Entwicklungstracht"		
Acer rubrum	gut geeignet	empfehlenswert
Alnus in Arten		gut geeignet
Cornus mas	gut geeignet	gut geeignet
Corylus in Arten und Sorten		geeignet
Populus in Arten		gut geeignet
Prunus 'Accolade'	gut geeignet	geeignet
Salix in Arten und Sorten	sehr gut geeignet	sehr gut geeignet
Ulmus in Arten und Sorten		gut geeignet
Mitte April bis Mitte Mai – „Frühtracht"		
Acer campestre	gut geeignet	geeignet
Acer platanoides	gut geeignet	geeignet
Acer pseudoplatanoides	sehr gut geeignet	geeignet
Amelanchier in Arten und Sorten	empfehlenswert	
Berberis in Arten und Sorten	empfehlenswert	
Cercis siliquastrum	geeignet	geeignet
Malus in Arten und Sorten	sehr gut geeignet	sehr gut geeignet
Nyssa sylvatica	gut geeignet	geeignet
Prunus in Arten und Sorten	sehr gut geeignet	sehr gut geeignet
Pyrus in Arten und Sorten	gut geeignet	gut geeignet
Quercus robur		gut geeignet
Viburnum in Arten und Sorten	empfehlenswert	

Gehölzart	Nektar	Pollen
Mitte Mai bis Ende Juni – „Frühsommertracht"		
Castanea sativa	gut geeignet	geeignet
Crataegus in Arten und Sorten	geeignet	geeignet
Euronymus europaeus	empfehlenswert	
Fagus sylvatica		gut geeignet
Hydrangea petiolaris	gut geeignet	
Mespilus germanica	empfehlenswert	
Prunus laurocerasus in Sorten	empfehlenswert	
Robinia in Arten und Sorten	sehr gut geeignet	geeignet
Rosen – einfache Blüten	gut geeignet	
Sorbus in Arten und Sorten	gut geeignet	gut geeignet
Tilia in Arten und Sorten	sehr gut geeignet	
Juli bis Anfang September – „Sommertracht"		
Aesculus parviflora	gut geeignet	gut geeignet
Heptacodium miconioides	gut geeignet	geeignet
Koelreuteria paniculata	gut geeignet	geeignet
Ligustrum vulgare 'Atrovirens'	empfehlenswert	
Sambucus nigra	empfehlenswert	gut geeignet
Styphnolobium japonica	gut geeignet	empfehlenswert
Tilia tomentosa	gut geeignet	empfehlenswert
Tilia henryana	sehr gut geeignet	

Vogelnähr- und Vogelschutzgehölze

Gehölzart	Häufigkeit der Besuche	Dornen/ Stacheln	bevorzugte Nistplätze
Bäume			
Acer in Arten und Sorten	häufig		häufig
Alnus in Arten und Sorten	häufig		
Amelanchier in Arten und Sorten	sehr häufig		
Betua in Arten und Sorten	häufig		
Carpinus in Arten und Sorten			häufig
Crataegus in Arten und Sorten	häufig	häufig	häufig
Fagus sylvatica	häufig		
Fagus sylvatica – geschnitten			sehr häufig
Malus in Arten und Sorten	häufig		
Morus in Arten und Sorten	häufig		
Prunus in Arten und Sorten	häufig		
Quercus in Arten	häufig		
Robinia in Arten und Sorten		häufig	
Sorbus in Arten und Sorten	sehr häufig		
Tilia in Arten und Sorten	häufig		
Sträucher/Hecken			
Acer campestre – geschnitten			sehr häufig
Berberis in Arten und Sorten	häufig	häufig	häufig
Carpinus betulus – geschnitten			sehr häufig
Cornus in Arten und Sorten	häufig		häufig

Gehölzart	Häufigkeit der Besuche	Dornen/ Stacheln	bevorzugte Nistplätze
Crataegus monogyna – geschnitten		häufig	sehr häufig
Euonymus in Arten und Sorten	häufig		
Ilex in Arten und Sorten		häufig	häufig
Ligustrum in Arten und Sorten	häufig		häufig
Prunus in Arten und Sorten	sehr häufig		
Pyracantha in Sorten	sehr häufig	häufig	häufig
Rosa in Arten und Sorten	häufig	häufig	häufig
Sambucus in Arten und Sorten	sehr häufig		
Viburnum in Arten und Sorten	häufig		
Nadelgehölze			
Abies in Arten	häufig		häufig
Cedrus in Arten und Sorten	häufig		häufig
Chamaecyparis in Arten und Sorten			häufig
Juniperus in Arten und Sorten	häufig		häufig
Larix in Arten und Sorten	häufig		häufig
Pinus in Arten und Sorten	häufig		häufig
Taxus in Arten und Sorten	häufig		häufig
Taxus baccata – geschnitten			sehr häufig
Thuja in Arten und Sorten			häufig

Giftige Gehölze

Ein Plädoyer für giftige Gehölze:
Im Zusammenhang mit Kindern herrscht eine große Unsicherheit hinsichtlich giftiger Gehölze. Oft soll radikal entfernt werden, was nur ansatzweise giftig ist. Bei Pflanzungen für Kindergärten und Spielplätzen gelten zu Recht strenge Regeln, doch wir möchten an dieser Stelle daran erinnern, dass jedes Gehölz seine Daseinsberechtigung hat und notwenige Aufgaben in Natur und Ökosystem übernimmt. Unserer Meinung nach ist es sinnvoller, Kinder über die Giftigkeit von Gehölzen und Früchten aufzuklären, anstatt Eibe & Co. aus unserer gesamten Umgebung zu verbannen.

Gehölzart	giftige Pflanzenteile	Grad der Giftigkeit
Berberis – blaufrüchtige Arten	Wurzel, Rinde, Beeren	giftig
Catalpa bignonioides	ganze Pflanze	schwach giftig
Chamaecyparis in Arten und Sorten	ganze Pflanze	giftig
Cercis siliquastrum	Früchte roh	schwach giftig
Euonymus in Arten und Sorten	ganze Pflanze	stark giftig
Fagus sylvatica	Früchte	schwach giftig
Gleditsia triacanthos und Sorten	nur Blätter, Früchte essbar	giftig
Hydrangea in Arten und Sorten	ganze Pflanze	giftig
Ilex in Arten und Sorten	ganze Pflanze	stark giftig
Juniperus in Arten und Sorten	ganze Pflanze	sehr stark giftig
Koelreuteria paniculata	Früchte, Blätter	schwach giftig
Ligustrum in Arten und Sorten	ganze Pflanze	giftig
Liriodendron tulipifera	ganze Pflanze	giftig
Lonicera in Arten und Sorten	Beeren	schwach giftig

Gehölzart	giftige Pflanzenteile	Grad der Giftigkeit
Magnolia in Arten und Sorten	Rinde, Holz	schwach giftig
Paulownia tomentosa	Früchte	schwach giftig
Pterocarya fraxinifolia	Blätter	giftig
Prunus laurocerasus in Sorten	ganze Pflanze, Fruchtfleisch ungiftig	giftig
Prunus lusitanica in Sorten	ganze Pflanze	giftig
Rhododendron in Arten und Sorten	ganze Pflanze	sehr stark giftig
Robinia in Arten und Sorten	ganze Pflanze	stark giftig
Sambucus nigra	ganze Pflanze, ausgenommen reife Beeren	schwach giftig
Styphnolobium japonicum	ganze Pflanze	stark giftig
Taxus in Arten und Sorten	ganze Pflanze, außer rotem Samenmantel, grüner Kern aber giftig	sehr stark giftig
Thuja in Arten und Sorten	Holz, Zapfen, Zweigspitzen	giftig
Viburnum in Arten und Sorten	Rinde, Blätter	giftig

Hinweis: Die Liste ist auf das im Buch vorgestellte Sortiment abgestimmt. Sie dient zur Orientierung und erhebt keinen Anspruch auf Vollständigkeit.

VERWENDETE LITERATUR

Bärtels, A., Schmidt, P.A.: **Enzyklopädie der Gartengehölze.** 2. Auflage, Verlag Eugen Ulmer, Stuttgart 2014.

Baumschule Lorenz von Ehren (Hrsg.): **Pflanzenkompendium**. 5. Auflage, Hamburg 2018.

Bresinsky, A., Körner, C., Kadereit, J. W., Neuhaus, G., Sonnewald, U.: **Strasburger – Lehrbuch der Botanik**. 36. Auflage, Spektrum Akademischer Verlag, Heidelberg 2008.

Ehrenberg, R.: **Global count reaches 3 trillion trees.** Internet-Veröffentlichung in: nature.com, Ausgabe 2.9.2015, www.nature.com/news/global-count-reaches-3-trillion-trees-1.18287

FLL-„**Empfehlungen für Baumpflanzungen**" – Teil 1: Planung, Pflanzarbeiten, Pflege. 2. Ausgabe, Bonn 2015.

Forsa-Umfrage: **Urbanes Grün und Gesundheit, Ergebnisse einer Befragung von Bewohnern in deutschen Großstädten**. Berlin, 5.6.2015.

GALK Arbeitskreis Stadtbäume (Hrsg.): **Straßenbaumliste** – Beurteilung von Baumarten für die Verwendung im städtischen Straßenraum. 2018. www.galk.de

GALK – **Straßenbaumliste**: www.strassenbaumliste.galk.de

Gudermann, R., Aufmkolk T.: **Baumrekorde.** Internet-Veröffentlichung in: planet-wissen.de, Ausgabe 19.10.2018, www.planet-wissen.de/natur/pflanzen/baeume/pwiebaumrekorde100.html

Jung, W.: **Die Metasequoia, ein zum Leben erwecktes Fossil.** Institut für Paläontologie und Historische Geologie, München 1998.

Kiermeier, P.: **Die Lebensbereiche der Gehölze**. 3. Auflage, Verlagsgesellschaft Grün ist Leben mbH, Pinneberg 1995.

Kiermeier, P.: **Lorenz von Ehren Kompendium**, 5. Auflage, Tabelle 41 + 42, Seite 1056/1057, Hamburg 2000.

Körber, K.: **Bienenbäume**, Veitshöchheimer Berichte 186. Bayerische Landesanstalt für Weinbau und Gartenbau, Seite 23–34, Veitshöchheim 2019.

Lange, M.: **Wie sich Kiefer und Fichte vor Frost schützen.** Internet-Veröffentlichung in: deutschlandfunk.de, Ausgabe 23.09.2016, www.deutschlandfunk.de/kaelte-gene-wie-sich-kiefer-und-fichte-vor-frost-schuetzen.676.de.html?dram:article_id=366673

Menke, P., Thönnessen, M., Beckröge, W., Bauer, J. et al.: **Bäume und Pflanzen lassen Städte atmen. Schwerpunkt Feinstaub.** Stiftung Die Grüne Stadt (Hrsg.). Düsseldorf 2013.

Ohff, H.: **Der grüne Fürst – Das abenteuerliche Leben des Hermann Pückler-Muskau**. Piper Taschenbuch, München 2007.

Roloff, A., Bärtels A.: **Flora der Gehölze** – Bestimmung, Eigenschaften, Verwendung. Verlag Eugen Ulmer, Stuttgart 2018.

Roloff, A., Gillner, S., Bonn, S.: **Klimawandel und Gehölze**. Sonderheft Grün ist Leben, Bund deutscher Baumschulen (Hrsg.), Pinneberg 2008.

Schönfeld, P.: **Klimabäume: Welche Arten sind zukunftsträchtig?** Fachzeitschrift ProBaum 2018, Seite 2–7.

Schüle, C.: **Sinnsuche im Gehölz**. Internet-Veröffentlichung in: zeit.de, Ausgabe 3.8.2010, www.zeit.de/zeit-wissen/2010/05/Lust-auf-Natur

Statista Research Department: **in-staedten-lebende-bevoelkerung-in-deutschland-und-weltweit**. Internet-Veröffentlichung in: de.statista.com, Ausgabe 07/2014

Zanne, A. et al.: **Three keys to the radiation of angiosperms into freezing environments.** Internet-Veröffentlichung in: nature.com, Ausgabe 506, 86–92, 6.2.2014, www.nature.com/articles/nature12872

GRÜNES WISSEN IM INTERNET

Bambus-Lexikon:
www.bambus-lexikon.de

Baumkunde:
www.baumkunde.de

Baumpflege Portal:
www.baumpflegeportal.de

Baumschule Lorenz von Ehren:
www.LvE.de

Bayerische Landesanstalt für Weinbau und Gartenbau:
www.lwg.bayern.de/landespflege

Botanic Gardens Conservation International:
www.bgci.org

Bundesministerium für Naturschutz, FloraWeb:
www.floraweb.de

Deutsche Alleenstraße:
www.alleenstrasse.com

Deutsche Dendrologische Gesellschaft (DDG):
www.ddg-web.de

GALK (Gartenamtsleiterkonferenz des Deutschen Städtetages):
www.galk.de

Informationen für die Forstpraxis:
www.waldwissen.net

Missouri Botanical Garden:
www.missouribotanicalgarden.org

Projekt Mammutbaum e.V.:
www.projekt-mammutbaum.de

Stiftung Die Grüne Stadt:
www.die-gruene-stadt.de

BILDQUELLEN

Alle Bilder mit Ausnahme der folgenden stammen von der Baumschule Lorenz von Ehren.

Abicht, Kerstin: Seite 7, 35, 81 u., 92 u., 95, 97, 123 u., 125, 138, 141, 145 u., 148 o., 148 u., 149 o., 153, 154 o., 154 u., 164, 167 o., 167 u., 170 o., 170 u., 171, 177 u., 178 o.

Botanikfoto:
Friederike Take: Seite 174; Hans-Roland Müller: Seite 110; Steffen Hauser: Seite 84, 111, 118

Flora Press:
FocusOnGarden/Jürgen Becker: Seite 24, 48, 49, 72, 73, 116, 142, 143, 152, 163, 173, 175; Gary Rogers: Seite 61; GWI: Seite 83, 85; FocusOnGarden/Volker Michael: Seite 161; Steven Wooster: Titelbild (Ausgabe VEU)

GAP Photos/Geoff Kidd: Seite 144 u.

Jensen Landschaftsarchitekten: Seite 47

Kraus, Tim C.: Seite 20 o., 80 o., 119, 127 o., 151, 182

mauritius images: Seite 12, 27 o., 66 u., 80 u., 114 o., 121, 137 u., 146 u.

Mutter, Anna: Titelbild und alle Bilder der Umschlagrückseite (Ausgabe LvE), Seite 8, 11, 23, 37, 68, 129, 176

Perdereau, Philippe: Seite 165

Shutterstock.com:
1000words: Seite 13; Anna Gratys: Seite 149 u.; Ingus Kruklitis: Seite 16; mizy: Seite 147 u.; Peter Turner Photography: Seite 90 o.; Pisnupong: Seite 65 u.; Przemyslaw Wasilewski: Seite 62 o.; VIIIPhotography: Seite 67 u.; Zerbor: Seite 15 u.

Veith.Garten/Paul, Michael: Seite 25

Zoonar/Himmelhuber: Seite 133 o.

IMPRESSUM

Bibliografische Information der Deutschen Nationalbibliothek
Die Deutsche Nationalbibliothek verzeichnet diese Publikation in der Deutschen Nationalbibliografie; detaillierte bibliografische Daten sind im Internet über http://dnb.d-nb.de abrufbar.

Wollgrasweg 41, 70599 Stuttgart (Hohenheim)
E-Mail: info@ulmer.de · Internet: www.ulmer.de

Lektorat: Sabine Drobik, Doris Kowalzik
Herstellung: Katharina Merz
Umschlaggestaltung, Layout und Satz:
Antje Warnecke, nordendesign.de
Reproduktion:
TimeRay Visualisierungen, Jettingen
Druck und Bindung: Firmengruppe Appl, aprinta druck, Wemding
Printed in Germany

ISBN 978-3-8186-0732-6 (Ausgabe Buchhandel)
ISBN 978-3-0006-3394-2 (Sonderausgabe Baumschule Lorenz von Ehren)

REGISTER

A

Abies
• *concolor* 26
• *koreana* 130
Acer
• *campestre* 38
• *campestre* 'Elsrijk' 166
• *ginnala* 98
• *griseum* 86, 98
• herbstfärbende Arten 98
• *palmatum* 98
• *palmatum* Dissectum-Gruppe 98
• *rubrum* 98
• *rufinerve* 86
• *saccharinum* 'Wieri' 26
• × *freemanii* 98
• × *zoeschense* 'Annae' 50
Aesculus parviflora 154
Ahorn
• Berg- 14
• Fächer- 98
• Feld- 38, 166
• Feuer- 98
• Geschlitzter Silber- 26
• herbstfärbende Arten 98
• japanische Sorten 98
• Rostbart- 86
• Rot- 98
• Rotnerviger Schlagenhaut- 86
• Schlitz- 98
• Zimt- 86, 98
• Zoeschener 50
Alnus
• *glutinosa* 27
• × *spaethii* 38
Amberbaum, Amerikanischer 41, 104
Amelanchier
• *arborea* 'Robin Hill' 50
• 'Ballerina' 99
• *laevis* 99, 154
• *lamarckii* 176
Apfel
• Japanischer Berg- 178
• Kultur- 64
• Woll- 57
• Zierapfel 57, 76, 115, 170
Apfeldorn 113
Artocarpus integrifolia 17
Azaleen 78
Azaleen, Japanische 144

B

Bambus-Arten 124
Berberis julianae 122
Berberitze, Großblättrige 122
Bergmammutbaum 16, 20, 30
Betula
• *nigra* 87
• *pendula* 14, 18, 20, 21
• *utilis* 'Doorenbos' 87
Birke
• Fluss- 87
• Hänge- 14
• Sand- 14
• Schwarz- 87
• Weißrindige Himalaja- 87
Birne
• Chinesische 106
• Kultur- 67
• Weidenblättrige 58
Blasenesche 56
Blauglockenbaum 31
Blütenkirschen 77
Buche
• Blut- 15, 168
• Hänge- 28
• Purpur- 15
• Rot- 168
• Schwarze Blut- 28

C

Carpinus betulus 51, 166
• 'Fastigiata' 39
• 'Frans Fontaine' 51
• 'Lucas' 51
• 'Pendula' 177
Castanea sativa 112
Catalpa
• *bignonioides* 74
• *bignonioides* 'Nana' 52
Cedrus
• *atlantica* 'Glauca' 27
• *libani* 130
Celtis australis 39
Cercis siliquastrum 74
Chamaecyparis obtusa 'Nana Gracilis' 131
Clerodendron trichotomum var. *fargesii* 113
Cornus
• *alba* 'Sibirica' 90
• *florida* 99, 155
• *kousa* 155
• *mas* 167
• *nuttallii* 155
• *sericea* 'Kelsey' 144
Corylus
• *avellana* 62
• *colurna* 40
Crataegus
• *crus-galli* 100
• *lavallei* 'Carrierei' 113
• *monogyna* 52
• *persimilis* 167
Cryptomeria japonica 'Globosa Nana' 131
Cydonia oblonga 62

D

Davidia involucrata var. *vilmoriniana* 75
Duftblüte, Stachelblättrige 123

E

Eberesche
• Gewöhnliche 115
• Japanische 107
Eibe
• Adlerschwingen- 136
• Europäische 171
• Japanische Zwerg- 181
• Kissen- 149
Eiche
• Armenische 159
• Pontische 159
• Säulen- 32
• Scharlach- 107
• Stiel- 19
• Sumpf- 19, 59, 180
• Trauben- 19
• Ungarische 42
• Wintergrüne 126
• Zerr- 19

Eichen 18
Eisenholzbaum 90, 106
Enkianthus perulatus 177
Erle
• Purpur- 38
• Rot- 27
• Schwarz- 27
Esche
• Blumen- 53
• Gewöhnliche 40
• Grün- 40
• Rot- 40
Euonymus
• *alatus* 'Compactus' 100
• *europaeus* 'Red Cascade' 114
• *fortunei* 145
• *hamiltonianus* subsp. *sieboldianus* 156

F
Fächerblattbaum 101
Fagus sylvatica 168
• 'Atropunicea' 15
• fo. *purpurea* 15
• 'Pendula' 28
• 'Swat Magret' 28
Fargesia 124
Feige 17
Felsenbirne 99
• Kahle 154
• Kupfer- 176
• Schnee- 50
Feuerdorn, Europäischer 148
Fichte
• Gewöhnliche 17
• Nest- 133
Ficus carica 17
Fliederbeere 67
Flieder, Edel- 80
Flügelnuss, Kaukasische 32
Föhre, Leg- 147
Fraxinus
• *excelsior* 40
• *ornus* 'Meczek' 53
• *pennsylvanica* 'Summit' 40

G
Ginkgo biloba 101
Gleditschie, Amerikanische 41
Gleditsia triacanthos 'Skyline' 41

H
Hagebuche 51
Hahnendorn 100
Hainbuche 51, 166
• Hänge- 177
• Säulen- 39
Hamamelis
• *japonica* 104
• × *intermedia* 156
Hartriegel 167
• Amerikanischer Blumen- 99
• Blumen- 155
• Purpur- 90
• Zwerg- 144
Hasel, Baum- 40
Haselnuss, Gewöhnliche 62
Heckenkirsche, Immergrüne 146
Hemlocktanne, Kanadische 137
Heptacodium miconioides 157
Hippomane mancinella 17
Holler 67
Holunder, Schwarzer 67
Hopfenbuche 42
Hortensie
• Kletter- 157
• Rispen- 75
Hydrangea
• *paniculata* 75
• *petiolaris* 157

I
Ilex
• *aquifolium* 122
• Berg- 145
• *crenata* 'Stokes' 145
• 'Nellie R. Stevens' 53
• × *meserveae* 'Blue Princess' 114
• × *meserveae* 'Heckenfee' 169

J
Jackfruchtbaum 17
Judasbaum 74
Juglans regia 63
Juniperus
• *chinensis* 'Blue Alps' 132
• *chinensis* 'Spartan' 132
• *scopulorum* 'Blue Arrow' 132
• *virginiana* 'Canaertii' 133
• × *pfitzeriana* 'Hetzii' 178

K
Kastanie
• Edel- 112
• Ess- 112
Kiefer
• Banks- 135
• Dreh- 135
• Gewöhnliche Berg- 147
• Grannen- 17
• Krummholz- 147
• Mädchen- 179
• Österreichische Schwarz- 31
• Sibirische Kriech- 17
• Wald- 91, 135, 179
• Zwerg-Zirbel- 135
Kiefern-Arten 134
Kirsche
• Amur- 92
• Berg- 77
• Blütenkirschen 77
• Herbstblühende Schnee- 77
• Hohe Nelken- 77
• japanische 77
• Mahagoni- 92
• Sauer- 66
• Scharlach- 77, 158
• Süß- 66
• Tibetische 92
• Tokyo- 77
• Trauben- 58
• Yoshino- 77
• Zierkirschen 77
Kirschlorbeer 126, 147
Koelreuteria paniculata 56
Korinthenbäume 176
Kornelkirsche 167
Kriechspindel, Immergrüne 145
Küstenmammutbaum 16, 30

L

Lärche
- Dahurische 17
- Europäische 29
- Japanische 169

Larix
- *decidua* 29
- *gmelinii* 17
- *kaempferi* 169

Latsche 147

Lebensbaum
- Abendländischer 136, 149
- Kugel- 149
- Riesen- 137

Leg-Föhre 147

Leucothoe walteri 146

Liguster, Wintergrüner 170

Ligustrum vulgare 'Atrovirens' 170

Linde 181
- Henry's 44
- Kaiser- 21
- Silber- 21
- Stadt- 21, 44

Linden-Arten 21

Liquidambar
- *styraciflua* 41
- *styraciflua* 'Worplesdon' 104

Liriodendron
- *tulipifera* 29
- *tulipifera* 'Fastigiatum' 105

Lonicera nitida 'Maigrün' 146

Lorbeerkirsche 147
- Portugiesische 126

Losbaum, Harlekin- 113

M

Magnolia
- *grandiflora* 'Blanchard' 123
- *kobus* 56
- *soulangiana* 76

Magnolie
- Immergrüne 123
- Kobushi- 56
- Tulpen- 76

Malus
- *domestica* 64
- 'Evereste' 170
- 'Golden Hornet' 115
- 'Rudolph' 76
- *toringo* var. *sargentii* 178
- *tschonoskii* 57

Malus-Hybriden 57

Mammutbäume, Arten 30

Manchinelbaum 17

Manzanilla de la muerte 17

Maulbeere 65

Mehlbeeren-Arten 43

Mespilus germanica 65

Metasequoia glyptostroboides 30

Mispel, Echte 65

Morus 65

N

Nothofagus antarctica 158

Nyssa sylvatica 105

O

Osmanthus heterophyllus 123

Ostrya carpinifolia 42

P

Pagodenbaum 80

Pappel, Silber- 91

Parrotia persica 90, 106

Parrotie 90, 106

Paulownia tomentosa 31

Pfaffenhütchen, Pracht- 114

Pflaume, Kultur- 66

Phyllostachys 124

Picea
- *abies* 17
- *abies* 'Nidiformis' 133

Pinus 134
- *banksiana* 135
- *contorta* 'Compacta' 135
- *mugo* subsp. *mugo* 147
- *nigra* subsp. *nigra* 31
- *parviflora* 179
- *pumila* 'Nana' 135
- *sylvestris* 91
- *sylvestris* 'Norske' 135
- *sylvestris* 'Watereri' 179

Pinus longaeva 17

Pinus pumila 17

Platane 15

Platanus × hispanica 15

Populus alba 'Nivea' 91

Prachtglocke, Frühblühende 177

Prunus 77
- 'Accolade' 77
- *avium* 66
- *cerasus* 66
- *domestica* 66
- *laurocerasus* 'Mount Vernon' 147
- *lusitanica* 'Angustifolia' 126
- *maackii* 'Amber Beauty' 92
- *padus* 'Tiefurt' 58
- *sargentii* 77, 158
- *serrula* 92
- *serrulata* 'Kanzan' 77
- *subhirtella* 'Autumnalis' 77
- × *yedoensis* 77

Pterocarya fraxinifolia 32

Pyracantha coccinea 148

Pyrus
- *calleryana* 'Chanticleer' 106
- *communis* 67
- *salicifolia* 58
- *salicifolia* 'Pendula' 58

Q

Quercus 18
- *cerris* 19
- *coccinea* 107
- *frainetto* 42
- *palustris* 19, 180
- *palustris* 'Green Dwarf' 59
- *petraea* 19
- *pontica* 159
- *robur* 19
- *robur* 'Fastigiata' 32
- × *turneri* 'Pseudoturneri' 126

Quitte, Echte 62

R

Rhododendren 78

Rhododendron 78, 144, 148
- *micranthum* 'Bloombux'® 148

Rhododendron-Hybriden 127

Robinia
- 'Casque Rouge' 79
- *pseudoacacia* 'Bessoniana' 20

Robinie
• Kegel- 20
• Rosarote 79
Rosa 79
Rosen 79
Rosskastanie, Strauch- 154
Rotholz, Chinesisches 30

S

Salix
• *alba* 180
• *alba* 'Chermesina' 93
• *alba* 'Tristis' 33
• × *sepulcralis* 'Chrysocoma' 33
Sambucus nigra 67
Scheinakazie
• Kegel- 20
• Rosarote 79
Scheinbuche 158
Schneeball
• Etagen- 81
• Prager 127
• Winter- 81
Schnurbaum, Japanischer 80
Sequoiadendron giganteum 16, 20, 30
Sequoia sempervirens 16, 30
Sicheltanne, Kleine 131
Sieben-Söhne-des-Himmels-Strauch 157
Sorbus 43
• *aria* 'Magnifica' 43
• *aucuparia* 43, 115
• *commixta* 'Dodong' 43, 107
• *intermedia* 'Brouwers' 43
Spindelstrauch 114, 145
• Himalaya- 156
• Niedriger Flügel- 100
• Siebolds 156
Stechpalme 53
• Blaue 114, 169
• Europäische 122
• Japanische 145
Storaxbaum, Japanischer 159
Styphnolobium japonicum 'Regent' 80
Styrax japonicus 159
Südbuche 158
Sumpfzypresse 93
• Echte 33
• Mexikanische 17
Syringa-vulgaris-Hybriden 80

T

Tanne
• Colorado- 26
• Grau- 26
• Korea- 130
Taschentuchbaum, Vilmorins 75
Taxodium
• *distichum* 33
• *distichum* 'Nutans' 93
• *mucronatum* 17
Taxus
• *baccata* 171
• *baccata* 'Repandens' 149
• *cuspidata* 'Nana' 181
Thuja
• *occidentalis* 'Danica' 149
• *occidentalis* 'Smaragd' 136
• *plicata* 'Excelsa' 137
Tilia 21, 181
• *cordata* 'Greenspire' 21, 44
• *europaea* 'Pallida' 21
• *henryana* 44
• *tomentosa* 'Brabant' 21
Traubenheide, Gebogene 146
Trauben-Kirsche 58
Traubenmyrte, Gebogene 146
Trompetenbaum
• Gewöhnlicher 74
• Kugel- 52
Tsuga canadensis 137
Tulpenbaum, Amerikanischer 29, 105
Tupelobaum, Wald- 105

U

Ulme
• Berg- 59
• Hänge- 59
• Holländische 45
• Schirm- 59
Ulmus
• *glabra* 'Pendula' 59
• *hollandica* 'Columella' 45
Urweltmammutbaum 30

V

Viburnum
• *bodnantense* 'Dawn' 81
• *plicatum* 'Mariesii' 81
• 'Pragense' 127
Vogelbeere 43, 115

W

Wacholder
• Canaert's Zypressen- 133
• Chinesischer 132
• Chinesischer Schmuck- 178
• Raketen- 132
Walnuss, Echte 63
Weide
• Hänge- 33
• Silber- 180
• Trauer- 33
• Weiß- 93
Weißdorn
• Baum- 113
• Eingriffeliger 52
• Hahnensporn- 100
• Pflaumenblättriger 100, 167

Z

Zaubernuss
• Hybrid- 156
• Japanische 104
Zeder
• Atlas- 27
• Japanische 131
• Libanon- 130
Zelkova serrata 'Green Vase' 45
Zelkove, Japanische 45
Zierapfel 76, 115, 170
Zierapfel-Arten und -Sorten 57
Zierkirsche, Frühe 77
Zürgelbaum, Europäischer 39
Zypresse
• Montezuma- 17
• Muschel- 131